HÜHNER HALTEN

FÜR EINSTEIGER

DAS GROẞE HÜHNER BUCH
HÜHNERHALTUNG IM EIGENEN GARTEN
ARTGERECHT UND EINFACH – INKL. ALLES
ÜBER PFLEGE, FUTTER, RASSEN, EIER,
HÜHNERSTÄLLE UND ZÜCHTUNG

MICHAEL VOGEL

Bibliografische Information der Deutschen Nationalbibliothek.

Die Deutsche Nationalbibliothek verzeichnet diese Publikation in der Deutschen Nationalbibliografie; detaillierte bibliografische Daten sind im Internet über http://dnb.dnb.de abrufbar.

Für Fragen und Anregungen:
info@eulogiaverlag.de

ISBN Print: 978-3-96967-029-3

Originale Erstausgabe 2021

Eulogia Verlags GmbH
Gänsemarkt 43
20354 Hamburg

Lektorat: Ramon Thorwirth
Satz und Layout: Tomasz Dębowski
Umschlaggestaltung: Aleksandar Petrović

HÜHNER HALTEN

FÜR EINSTEIGER

DAS GROẞE HÜHNER BUCH
HÜHNERHALTUNG IM EIGENEN GARTEN
ARTGERECHT UND EINFACH – INKL. ALLES
ÜBER PFLEGE, FUTTER, RASSEN, EIER,
HÜHNERSTÄLLE UND ZÜCHTUNG

EULOGIA
VERLAG

Inhaltsverzeichnis

1. Vorwort

Fröhliches Glucksen, Gackern und Scharren und jeden Tag das Frühstücksei frisch auf den Tisch. Die tierischen Freunde, die in den Gärten leben, bereichern unser Leben mit vielen Dingen. Aber es gehört auch eine große Portion Verantwortung dazu, Hühner artgerecht im Garten zu halten. Die Vögel sind ebenso anhänglich wie Hunde und besitzen eine große Intelligenz. Sie erkennen ihren eigenen Namen und bauen eine enge Beziehung zu den anderen Hühnern und dem Halter auf. Jedes Huhn hat einen einzigartigen Charakter und ist eine eigenständige Persönlichkeit, die mit Liebe und Respekt behandelt werden will.

Wenn Sie sich für eine Hühnerhaltung im eigenen Garten entschieden haben, hat das viele Vorteile. Sie wissen, woher ihr Ei kommt und dass es nicht mit Schadstoffen, wie Dioxin belastet ist. Sie müssen kein schlechtes Gewissen wegen nicht artgerechter Haltung der Hühner haben und kennen Futter und Unterbringung ganz genau.

Doch bevor Sie sich dafür entscheiden, eigene Hühner zu halten, sollten Sie sich über die Eigenschaften der verschiedenen Hühnerrassen und ihre Bedürfnisse informieren.

Dieses Buch bietet Anfängern und Profis wertvolle Informationen über Hühnerrassen, Haltung, Bedürfnisse und Pflege. Sie können so leichter eine Entscheidung für eine der 104 in Deutschland bekannten Hühnerrassen treffen. Und jetzt wünsche ich Ihnen noch viel Vergnügen beim Lesen des Buches.

2. Die Geschichte der Hühnerhaltung

Was existierte zuerst: das Huhn oder das Ei? Heute kann diese Frage von der Wissenschaft eindeutig beantwortet werden. Es war das Ei. Denn die Hühner stammen von eierlegenden Raubsauriern ab. Vor 150 Millionen Jahren wurden die Schuppen, die heute nur noch an den Hühnerfüßen sichtbar sind, durch Federn ersetzt. Die heutigen Eier unterscheiden sich von den Eiern der Dinosaurier nur durch eine stärker ausgebildete Kalkschale.

Der Urahn des heutigen Haushuhns ist das Bankivahuhn (auch: Rotes Kammhuhn), das als Wildhuhn in Asien gelebt hat. Die Domestizierung begann bereits in der Jungsteinzeit, ungefähr 8000 v. Chr. Über die Seidenstraße und andere Handelswege gelangten die Hühner nach Ägypten und in die südliche Levante. Die Hühner wurden erst als Ritual-Tiere bei Zeremonien und für Hahnenkämpfe genutzt. Mit der Zeit wurden Fleisch und Eier auch als Nahrungsmittel immer beliebter. Zur Zeit der Pharaonen existierten in Ägypten Brütereien, die mit Holz geheizt wurden. Hier konnten 6.000 Eier gleichzeitig ausgebrütet werden. Das Fleisch und die Eier dienten auch dazu, die Arbeiter während des Pyramidenbaus mit hochwertiger Nahrung zu versorgen.

In der Eisenzeit wurden in Mitteleuropa Hühner, die noch sehr gut fliegen konnten, in Ställen gehalten. Das Fleisch wurde damals nicht gebraten, sondern gekocht. Mit den römischen Soldaten verbreitete sich die Hühnerhaltung auch in Europa. Im ersten Jahrhundert n. Chr. verfasste Lucius Iunius Moderatus Columella einen 13-bändigen landwirtschaftlichen Ratgeber, der auch mehrere Kapitel zur Haltung und Zucht von Hühnern enthielt. Die heutigen Hühnerrassen entstanden durch Kreuzungen des Bankivahuhns mit dem Gabelschwanzhuhn, dem Sonnerathuhn und dem Lafayettehuhn.

In Europa trat das Huhn ab 200 v. Chr. seinen Siegeszug an. Karl der Große erließ im achten Jahrhundert eine Forderung, dass kleine Bauernhöfe 50 und große Bauernhöfe 200 Hühner halten mussten. Zierhühner waren ausschließlich den adeligen Familien vorbehalten.

Seit dem 19. Jahrhundert ist die Haltung und Zucht von Hühnern auf Bauernhöfen eine normale landwirtschaftliche Tätigkeit. Für die Hühner wurden einige Sitzstangen in Kuhställe eingebaut. Für die Nahrungssuche waren die Vögel selbst verantwortlich.

Zu Beginn des 20. Jahrhunderts wurden erstmals in den Niederlanden große Hühnerställe für bis zu 400

Vögel gebaut, die auch über einen eigenen Auslauf verfügten. Die Hühnerrassen wurden durch weitere Kreuzungen verändert. Eiproduktion und Fleischertrag konnten gesteigert werden. Noch heute werden Welsummer und Barnevelder Hühner oder Kreuzungen dieser Rassen für die Produktion von Eiern genutzt.

Um 1950 wurden erstmals Legebatterien errichtet. Diese Haltungsform war ausschließlich auf die Gewinnung der Eier ausgerichtet und nahm keine Rücksicht auf die natürlichen Bedürfnisse der Hühner. Verboten wurde diese Haltungsform in Deutschland 2010. Die EU konnte sich erst mit Januar 2012 dazu durchringen, ein generelles Verbot der Hühnerhaltung in Legebatterien zu erlassen.

Heute ist das Huhn eines der ältesten und erfolgreichsten Haustiere des Menschen. Weltweit ist der Bestand auf mehr als 20 Milliarden Hühner angewachsen. Alleine in Europa sind 180 verschiedene Hühnerrassen und Farbvarianten bekannt.

Die für die industrielle Produktion von Eiern und Fleisch eingesetzten Hühner sind normalerweise Hybridrassen, die in vier Konzernen auf der ganzen Welt gezüchtet werden. Die weltweit verkauften Mast- und Legehybrid-Hühner sind nicht für eine weitere Zucht geeignet. Diese als Gallus gallus domesticus bezeichnete Form ist aber eines der bedeutendsten Nutztiere für die Menschen.

3. Interessante Fakten zu Thema Hühnerhaltung

Bei der Nachfrage nach Geflügelfleisch und Eiern besteht in Deutschland ein ständiger Aufwärtstrend. In den letzten fünf Jahren hat sich der Bedarf um mehr als ein Fünftel gesteigert. 2019 wurden 52 Millionen Legehennen zur Gewinnung von Eiern gehalten. Der Anteil der Masthühner ist ungefähr halb so hoch. Dabei ist die Haltung sehr unterschiedlich. In industriellen Hühnermastanlagen werden oft bis zu 40.000 Hühner gleichzeitig gehalten. Die Schlachtung erfolgt in 27 Megaschlachthöfen, in denen bis zu 100 Tonnen Masthühner pro Jahr geschlachtet werden. Bauernhöfe, die sich den Regeln des Ökolandbaus verpflichtet haben, dürfen maximal 4.800 Masthühner pro Stall halten.

Bei den Legehennen teilt sich die Haltung auf Bodenhaltung (26 Millionen Legehennen), Freilandhaltung (8,68 Millionen Legehennen), ökologische Erzeugung (5,3 Millionen Legehennen) und Haltung in Kleingruppen (2,5 Millionen Legehennen) auf. Dabei boomt die private Hühnerhaltung in Deutschland in den letzten Jahren immer mehr.

Wie ist der Trend bei der Hühnerhaltung in Deutschland?

Der Trend bei der Hühnerhaltung in Deutschland ist stetig ansteigend. Dabei nimmt auch die Haltung von Hühnern im eigenen Garten weiter zu. Der Trend geht eindeutig zum Haustier Huhn und zum eigenen, frischen Ei auf dem Frühstückstisch.

Werden Hühner häufiger in der Stadt oder auf dem Land gehalten?

Natürlich ist die Haltung von Hühnern auf dem Land leichter und in größerer Menge möglich als in der Stadt. Doch auch die Hühnerhaltung im Wohngebiet wird vom Gesetzgeber ausdrücklich gestattet. Eine Genehmigung ist nicht erforderlich. Der Verwaltungsgerichtshof in Bayern hat die Anzahl der erlaubten Hühner in Wohngebieten auf 20 Stück festgelegt. Die Haltung eines Hahns könnte allerdings Probleme mit den Nachbarn verursachen. Wie weit Krähen als Lärmbelästigung gilt, muss bei einer Klage vom zuständigen Gericht explizit entschieden werden.

Aus Tierschutzgründen ist eine Einzelhaltung von Hühnern untersagt, da die Vögel ein ausgeprägtes Sozialleben besitzen. Eine Hühnergruppe sollte also mindestens aus drei Hühnern bestehen.

Bei der Haltung von Hühnern im eigenen Garten sind immer die Bestimmungen der Tierschutz-Nutztierhaltungs-Verordnung (TierSchNutztV) einzuhalten. Im Stall müssen für jede Henne 2,5 Quadratmeter Platz zur Verfügung gestellt werden. Für die Privathaltung werden weitere Richtlinien von den Tierschutzorganisationen zur Verfügung gestellt.

Wo werden heute weltweit noch die meisten Hühner gehalten?

2018 wurden weltweit 24 Milliarden Hühner gehalten. Die meisten Hühner leben in den Vereinigten Staaten von Amerika und in China. Diese Länder sind auch die größten Produzenten von Eiern und Geflügelfleisch.

In der Europäischen Union ist Geflügelfleisch das an zweiter Stelle stehende Fleisch bei Produktion und Verzehr. 400 Millionen Legehennen produzieren pro Jahr 7,5 Millionen Tonnen Eier. Neben China und den USA zählen auch Brasilien und die EU zu den vier größten Hühnerfleischproduzenten.

4. Bevor es los geht: Die Vorbereitung

Die Hühnerhaltung macht für alle Sinn, die sich gerne selbst versorgen wollen. Gemüse und Obst aus dem Garten wird ergänzt durch frische Eier. Sie können die Persönlichkeit des Huhnes genau kennenlernen und auch für sein Wohlbefinden Verantwortung übernehmen. Sie wissen, wie das Huhn gelebt und was es gefressen hat, bevor es ein Ei legt.

Auch für Familien mit Kindern macht eine Hühnerhaltung durchaus Sinn. Die Kinder können das Verhalten der Hühner beobachten und mit ihnen Freundschaft schließen. Sie lernen, Verantwortung für andere Lebewesen zu übernehmen und diese mit ihren Eigenarten zu respektieren.

4.1 Ein Huhn ist ein praktisches Haustier im Garten

Hühner sind besonders liebenswerte Tiere, die an eine Haltung im Garten keine übermäßigen Anforderungen stellen. Die fröhlich gackernden Vögel sorgen für gute Laune. Einige könnten durchaus als Clown auftreten. Neben der Futtersuche scharren und picken die Vögel im Garten. Der Boden wird von Würmern, Schnecken und Parasiten gesäubert. Der Hühnerkot ist ein gutes Düngemittel für die Pflanzen. Die Hühner picken auch auf dem Rasen und entfernen Unkraut und Moos, das zwischen den Grashalmen wächst. Die Grasnarbe wird dabei nicht beschädigt.

Soll eine komplette Selbstversorgung erfolgen, muss auch eine Kükenaufzucht integriert werden. Ohne neue Tiere überaltert das Hühnervolk. Die Legeleistung nimmt stark ab. Wenn Sie nicht züchten wollen, können Sie auch von Zeit zu Zeit ein neues Huhn in die Hühnerherde integrieren. Achten Sie dabei immer darauf, dass es sich um ein gesundes Tier handelt, das von Rasse und Charakter her gut zu der bereits vorhandenen Herde passt.

Die Hühner belohnen Sie für die Zuwendung das ganze Jahr über mit frischen, biologischen Geflügelprodukten.

4.2 Welche Vorbereitungen sind für eine artgerechte Hühnerhaltung wichtig?

Hühner wollen ihre natürlichen Bedürfnisse ausleben. Nur dann bleiben sie gesund und belohnen Sie mit Eiern. Bevor Sie ein Huhn kaufen, sollten Sie einen passenden Stall bauen. Der Stall muss gut isoliert und vor Zugluft geschützt sein. Er bietet den Hühnern

Sicherheit in der Nacht, da das Eindringen von Füchsen, Mardern oder Ratten verhindert wird. Zusätzlich zu dem Stall benötigen die Vögel einen großen Auslauf. Sie scharren und picken gerne im Freien. Können die Hühner einen Teil ihres Futters selbst auswählen, steigen auch die Qualität und der Nährstoffgehalt der Eier. Der Auslauf muss gut strukturiert sein, damit sich die Hühner wohlfühlen. Näheres zu dem Aufbau eines Hühnerstalls und der Gestaltung des Auslaufs finden Sie im Kapitel 8.

Wenn Sie eine neue Herde kaufen, sollten Sie sich erst darüber klar werden, was Sie erwarten. Wollen Sie einfach frische Eier oder sollen die Hühner auch geschlachtet werden? Von dieser Entscheidung ist es abhängig, für welche Rasse Sie sich entscheiden. Neben dem Ankauf von Küken ist es auch möglich, Hühner über Tierschutzvereine zu erhalten. Hier benötigen Sie viel Zeit und Geduld. Die Hühner haben die ersten ein bis zwei Jahre ihres Lebens in einem Stall verbracht und müssen Gras, Sonne und Wind erst kennenlernen. Das Federkleid muss nach der Mauser nachwachsen. Meistens ist bei diesen Hühnern die Legeleistung nicht mehr so gut wie bei Junghühnern. Aber drei bis vier Eier pro Woche sind durchaus möglich. Die aus den Massentierhaltungen ausgemusterten Tiere danken Ihnen ihr neues Leben mit viel Zuwendung und Liebe.

Wenn Sie eine kleine Hühnerherde im Garten halten, ist dafür natürlich Zeit und Arbeit notwendig. Dafür müssen Sie beim Konsum von Geflügelprodukten kein schlechtes Gewissen mehr haben.

Vergessen Sie nicht, vor der Anschaffung der Hühnerherde mit Ihren Nachbarn zu sprechen. Auch wenn die Haltung von bis zu 20 Hühnern per Gesetz erlaubt ist, lassen sich durch Gespräche spätere Konflikte und Rechtsstreitigkeiten vermeiden.

Informieren Sie sich auch darüber, welcher Tierarzt in der Nähe die Behandlung der Hühner im Krankheitsfall übernimmt. Gesetzlich vorgeschriebene Impfungen müssen regelmäßig durchgeführt werden.

4.3 Wer sollte besser keine Hühner halten?

Auch wenn Hühner sich gerne einen Teil ihres Futters im Garten selbst suchen, benötigen Sie Futter und Pflege. Der Stall muss regelmäßig gereinigt werden. Futter- und Wasserschüsseln müssen täglich gereinigt, desinfiziert und neu befüllt werden. Jeder Halter sollte seine Tiere täglich auf eventuelle Verletzungen, die durch Streitigkeiten verursacht werden, untersuchen. Sie sehen also: Sie Haltung der Hühner ist auch mit einem gewissen Zeitaufwand verbunden. Sind Sie beruflich sehr eingespannt oder häufig auf Dienstreisen, benötigen Sie eine Vertrauensperson, die sich in Ihrer Abwesenheit um die Tiere kümmert. Frische Eier zum Frühstück sind toll, aber sie sind der Lohn für viel Arbeit. Überlegen Sie also, ob Sie bereit sind, die Zeit für eine Hühnerhaltung aufzubringen.

4.4 Hühner und Kinder

Hühner sind für Kinder faszinierende Vögel. Sie flattern, fliegen aber nicht weg. Nach einiger Zeit der Gewöhnung, lassen sich die Hühner auch streicheln und hochheben. Kinder sollten aber rechtzeitig lernen, dass die Hühner während des Fressens oder Schlafens nicht gestört werden sollen. Vor allem Kleinkinder unter fünf Jahren sollten mit den Vögeln nicht alleine gelassen werden. Das ist nicht nur im Interesse der Hühner, sondern auch der Kinder. Die Vögel sind zwar sehr geduldig. Wird es ihnen zu bunt, weisen sie die Kinder durchaus einmal mit einem Schnabelhieb zurück. Die empfindliche Kinderhaut wird dabei schnell verletzt.

4.5 Hühner und andere Haustiere

Hühner sind sehr verträgliche Tiere. Sie werden aber von anderen Tieren, wie Raubvögeln, Hunden, Katzen, Frettchen oder Ratten, als Beute betrachtet. Deshalb ist es wichtig, den Stall und den Auslauf immer gut abzusichern.

Hunde können mit einem Verhaltenstraining darauf trainiert werden, dass sie die Hühner nicht erschrecken und jagen. Einige Hunderassen sind sogar dazu geeignet, die Hühnerherde zu beschützen. Schwieriger gestaltet sich das Zusammenleben mit Terriern. Die für die Jagd abgerichteten Hunde betrachten die

Vögel als Jagdbeute. Sie sollten daher von den Hühnern durch einen Zaun getrennt sein.

Katzen lernen schnell, Hühner zu ignorieren. Sie jagen lieber Mäuse und andere Nager. Einige Katzen schließen auch Freundschaft mit den geselligen Vögeln.

Frettchen dürfen nie in den Hühnerstall und den Auslauf gelangen. Sie suchen nach den Eiern und betrachten diese als willkommene Abwechslung auf ihrem Speiseplan. Kleinere oder schwache Hühner werden von den Frettchen angegriffen und getötet.

Ratten stellen ebenfalls ein Problem im Hühnerstall dar. Sie warten, bis die Hühner sich in den Schlafnestern befinden und verletzen sie dann. Die Wunden infizieren sich schnell mit Bakterien und die Hühner sterben an den Bissverletzungen.

Hühner sollten auch nicht unbedingt gemeinsam in einer Voliere mit Zwerghühnern oder Wachteln gehalten werden. Die Tiere besitzen eine sehr unterschiedliche Sprache und es kommt beim Zusammenleben immer wieder zu Streitigkeiten durch Missverständnisse. Der ständige Stress, der durch das Zusammenleben der unterschiedlichen Vögel entsteht, erhöht das Risiko für Krankheiten und Todesfälle.

Werden die Hühner auf einem Bauernhof gehalten, leben sie zwischen vielen anderen Tieren, wie Kühen, Pferden oder Schafen. Hier besteht kein Problem, solange die Hühner einen eigenen Rückzugsort in Form eines Stalles haben.

4.6 iergerechtes Hühnerfutter

Ob Sie das Futter selber mischen oder fertige Futtermischungen kaufen, achten Sie immer auf ein tiergerechtes Futter. Nur so erhalten die Hühner alle Nährstoffe, die sie benötigen. Zusätzliche Snacks, wie Mehlwürmer, Krebse oder Garnelen sind natürlich immer eine willkommene Abwechslung. Mit den Snacks können Sie die Hühner an Ihre Hand gewöhnen.

Hühner wollen auch geistig beschäftigt werden

Hühner spielen gerne und sind sehr intelligent und lernfähig. Sie können die Vögel mit einem Clicker trainieren und ihnen einige Kunststücke beibringen. Gemeinsames Training und Spaß stärkt die Bindung zwischen den Hühnern und Ihnen.

5. Die verschiedenen Hühnerrassen im Überblick

Hühner werden in allen Ländern der Welt gehalten. Heute sind mehrere hundert verschiedene Hühnerrassen bekannt. Alleine in Deutschland werden vom Bund deutscher Rassegeflügelzüchter 180 Hühnerrassen anerkannt. Einige der alten Rassen sind vom Aussterben bedroht. Sie werden langsam von den Hochleistungshybriden verdrängt. In jedem Bundesland können Sie Rassegeflügelzuchtvereine finden, bei denen Sie sich über die passende Hühnerrasse informieren können. Zusätzlich existieren Sondervereine, die sich vor allem mit alten oder aussterbenden Hühnerrassen befassen.

5.1 Die Einteilung der Hühnerrassen

Hühner können nach ihrer Größe

- Großgeflügel
- Zwerggeflügel
- Ziergeflügel

oder nach der Verwendungsart

- Legerassen
- Fleischrassen
- Zwiehuhnrassen

unterteilt werden. Alte Hühnerrassen sind immer Zwiehuhnrassen. Sie wurden sowohl für die Gewinnung von Eiern als auch als Schlachthuhn genutzt. Erst mit den heutigen Hybridrassen begann eine klare Unterscheidung zwischen Legehuhn und Masthuhn.

5.3 Die wichtigsten Legerassen

Die alten Legerassen sind robuste, gesunde Hühner, die nur wenig den modernen Hybridhühnern ähneln. Sie legen nicht jeden Tag ein Ei und stellen höhere Ansprüche an das Futter. Dafür besitzen die Vögel ein schönes Federkleid und einen ausgeprägten Charakter.

5.3.1 Araucana

Araucana benötigen einen Auslauf. Die Hühner können leicht in Gehegen gehalten werden. Da sie einen ruhigen Charakter haben, sind die Vögel für die Haltung im Garten gut geeignet. Die Hühner erreichen ein Gewicht zwischen 1,6 und 2,5 Kilogramm und legen im Jahr durchschnittlich 180 Eier. Ihr Gesicht ist von charakteristischen Ohrbüscheln eingerahmt. Der Schwanz ist nicht mehr vorhanden. Die Federn sind braun-weiß gesprenkelt.

5.3.2 Barnevelder

Barnevelder stammen ursprünglich aus den Niederlanden. Die legefreudigen Hühner legen bis zu 180 Eier im Jahr, die eine auffallend dunkelbraune Schale haben. Sie erreichen ein Gewicht zwischen 2 und 3,5 Kilogramm. Die Federn sind grau weiß gesäumt. Die Hühner sind ruhig und verträglich. Sie eignen sich gut für eine Haltung im Garten.

5.3.3 Leghorn

Das Leghorn wurde in Italien aus der Kreuzung verschiedener Landrassen gezüchtet. Die weißen Hühner sind sehr vital und wachsen schnell. Sie erreichen ein Gewicht von 1,7 bis 2,7 Kilogramm und legen bis zu 200 Eier im Jahr. Aus dieser Hühnerrasse sind die heutigen Legehybriden entstanden. Um die Gesundheit der Legehybriden zu verbessern, werden immer wieder Leghorn in die Zuchtlinien eingekreuzt. Leghorn bewegen sich gerne. Sie können gut freilaufend in einem Garten gehalten werden.

5.3.4 Marans

Marans-Hühner wurden ursprünglich in Frankreich gezüchtet. Die braunen Hühner sind kräftig, robust und wachsen schnell. Sie erreichen ein Gewicht zwischen 2,5 und 4 Kilogramm. Die freundlichen Hühner zeigen kein aggressives Verhalten. Sie lassen sich nicht gerne anfassen, können aber gut freilaufend im Garten gehalten werden. Im Jahr legen Marans durchschnittlich 200 Eier.

5.3.5 New Hampshire

New Hampshire-Hühner sind freundlich und ruhig. Sie können einfach gezähmt werden und werden auch schnell zutraulich. Die zwischen 2,5 und 3,5 Kilogramm schweren, rotbraunen Hühner legen bis zu 250 Eier im Jahr. Aufgrund ihres hohen Gewichts können die Vögel kaum fliegen. Sie sind einfach in einem Garten zu halten.

5.3.6 Opringtons

Die schwere und große Hühnerrasse stammt aus England. Die üppigen Federn sind grauschwarz oder braun gefärbt. Bei entsprechender Zuwendung werden die ruhigen Hühner schnell handzahm. Die Vögel sind drei bis 4,5 Kilogramm schwer und legen 200 Eier pro Jahr. Da die Beine sehr kurz sind, benötigen die Hühner ein trockenes und sauberes Schlafnest, damit das Federkleid am Bauch trocknet.

5.3.7 Plymouth Rock

Die zwischen 2,5 und 3,5 schweren, braun-grau gesprenkelten Hühner sind besonders beliebt. Sie sind freundlich, anhänglich und werden schnell zahm.

Da sie nicht gerne in die Höhe fliegen, genügt ein niedriger Zaun, um das Gehege abzusichern. Pro Jahr legen sie 180 Eier.

5.3.8 Rhodeländer

Die Hühner sind weiß oder rot gefärbt und beginnen schon mit fünf Monaten die ersten Eier zu legen. Durchschnittlich legt ein erwachsenes Huhn, das zwischen 2,4 und 4 Kilogramm schwer wird, 180 Eier im Jahr. Rhodeländer werden heute nur noch selten gehalten.

5.3.9 Rheinländer

Bei der schweren, alten Landhuhnrasse variieren die Farbschläge von schwarz, silber, weiß über goldhalsig bis blaugesäumt. Vor allem die Hähne schillern in allen Farben. Die Hühnerrasse erreicht ein Gewicht zwischen 2,5 und 2,75 Kilogramm und legt pro Jahr 180 Eier. Heute ist die Rasse vom Aussterben bedroht.

5.3.10 Wyandotte

Der runde Körper der großen Hühner ist mit einem braunroten und grauen Federkleid bedeckt. Die freundlichen Hühner, die zwischen 2,5 und 3,8 Kilogramm schwer sind, werden schnell zutraulich und sind sehr zahm. Da sie kaum fliegen, können sie frei im Garten gehalten werden. Sie legen im Jahr durchschnittlich 180 Eier.

5.4 Die wichtigsten Fleischrassen

Die alten Fleischrassen sind heute kaum mehr anzutreffen. Meistens werden für die Mast Hybridhühner gehalten. Sie besitzen einen ruhigen und ausgeglichenen Charakter und bewahren auch in einem hektischen Alltag immer die Ruhe. Alte Fleischrassen sind auch oft gute Eierleger. Sie benötigen einen großen Auslauf.

5.4.1 Deutsches Lachshuhn

Die schnell wachsenden Hühner sind sehr anhänglich. Sie können einfach in einem Garten gehalten werden. Die Legeleistung ist im Sommer und im Winter annähernd gleich. Durchschnittlich erreicht diese Hühnerrasse ein Gewicht von 2,5 bis 4 Kilogramm und legt bis zu 150 Eier im Jahr. Das Deutsche Lachshuhn steht auf der Liste der gefährdeten Haustierrassen.

5.4.2 Jersey Giant

Diese Hühnerrasse ist besonders groß und erreicht ein Gewicht von bis zu sechs Kilogramm. Manche Hähne können sogar neun Kilogramm schwer werden. Die Hühner, die 180 Eier pro Jahr legen, benötigen viel Platz. Aufgrund ihrer Größe fliegen die Vögel nicht und können ohne Probleme im Garten gehalten werden.

5.4.3 Sussex

Das zwischen drei und vier Kilogramm schwere Haushuhn ist besonders ruhig und freundlich. Die Tiere sind zahm und lassen sich gerne anfassen. Die weißgrau gesprenkelten Hühner legen bis zu 180 Eier im Jahr. Sie stellen keine besonders großen Ansprüche an die Haltung und können deshalb auch von Anfängern einfach gehalten werden.

5.5 Zwiehühner

Zwiehühner sind Hühner, die für die Produktion von Eiern und Fleisch gehalten werden. Die Grenze zu den Mastrasen und Legerassen ist fließend.

5.5.1 Amrock

Die 2,5 bis 4 Kilogramm schweren Hühner besitzen grau gestreifte Federn. Sie legen bis zu 220 Eier im Jahr. Vom Charakter her sind die Tiere freundlich und ruhig. Sie werden schnell handzahm.

5.5.2 Bielefelder Kennhuhn

Bei den braun und grau gesprenkelten Hühnern wurden asiatische Rassen eingekreuzt. Dadurch legen die Tiere im Winter ebenso gut wie im Sommer. Pro Jahr ist ein Ertrag von 230 Eiern möglich. Die zutraulichen, ruhigen Hühner erreichen ein Gewicht von 2,5 bis 4 Kilogramm.

5.5.3 Sundheimer

Die schwarz und weiß gezeichneten Hühner legen schnell an Gewicht zu. Sie werden zwischen 2 und 3,5 Kilogramm schwer. Die besonders zutraulichen Hühner legen bis zu 200 Eier im Jahr. Leider stehen sie auf der roten Liste bedrohter Geflügelarten.

5.5.4 Vorwerk

Durch ihre gelb-schwarze Zeichnung sind die Hühner ein Blickfang im Garten. Obwohl sie aktiv und lebendig sind und gerne fliegen, werden sie schnell handzahm. Die Hühner sind einfach im Garten in einem gesicherten Gehege zu halten. Im Jahr legen die zwei bis drei Kilogramm schweren Tiere 170 Eier.

5.6 Kleine Hühnerrassen

Die kleinen Hühnerrassen eignen sich vor allem für die Haltung in kleinen Gärten. Da die Vögel gut fliegen können, muss das Gehege immer gesichert sein.

Zu den kleinen Hühnerrassen gehören:

- Deutsche Zwerghühner
- Federfüßige Zwerghühner
- Chabo

- Bantam
- Antwerpener Bartzwerg
- Sebright

5.7 Zierhuhnrassen

Zierhuhnrassen werden kaum wegen ihrer Legeleistung oder Fleischleistung gehalten. Der optische Anblick steht im Vordergrund.

Zu den Zierhuhnrassen gehören:

- Brahma
- Cochin
- Holländer Haubenhuhn
- Yokohama
- Seidenhuhn

Zierhühner werden vor allem für die Zucht und den Besuch von Ausstellungen gehalten.

5.8 Gefährdete Hühnerrassen

Leider nimmt die industrielle Haltung von Hühnern immer mehr zu. Die alten Hühnerrassen, die sich nicht als Hochleistungshühner eignen, sind daher immer mehr vom Aussterben bedroht. Nur mehr in der Bio-Haltung und in Privathaltungen werden auch alte Hühnerrassen gezüchtet und so am Leben erhalten. Die Liste der gefährdeten Haushuhnrassen wird trotzdem jedes Jahr länger.

Andalusier

Andalusier wurden ursprünglich in Spanien gezüchtet. Die Tiere werden zwischen 2 und 3 Kilogramm schwer und legen im Jahr ungefähr 160 Eier. Die graubraun gesprenkelten Hühner sind heute in Deutschland in größerer Zahl vertreten als in Spanien.

Bergischer Kräher

Bergische Kräher erreichen ein Endgewicht zwischen 2 und 3,5 Kilogramm und legen jedes Jahr bis zu 180 Eier. Die dunkelbraunen Hühner mit den hellbraunen, gesprenkelten Flügeln sind sehr scheu. Ihr Bewegungsdrang ist groß. Die Hühnerrasse reagiert empfindlich auf Kälte und benötigt in den Wintermonaten unbedingt einen geheizten, warmen Stall.

Dominikaner

Die grau weiß gesprenkelten Dominikaner gehören zu den ältesten Hühnerrassen in Amerika. Sie sind eine klassische Zweinutzungs-Hühnerrasse. Die Hennen sind friedlich. Die Hähne reagieren dagegen oft angriffslustig und können auch schon einmal eine Katze angreifen und töten. Die Tiere wiegen zwischen 1,75 und 2,5 Kilogramm. Pro Jahr legen sie ungefähr 170 Eier.

Augsburger

Augsburger sind ein echter Blickfang im Garten. Das schwarze Federkleid schimmert im Rückenbereich in einem glänzenden Grün. Das Augsburger gilt als die einzige bayrische Hühnerrasse. Die 2 bis 3 Kilogramm schweren Tiere legen 180 Eier im Jahr.

Minorka

Das Minorka-Huhn stammt ebenfalls aus Spanien. Es legt 170 weiße Eier pro Jahr und wiegt zwischen 2,25 und 3,5 Kilogramm. Minorka werden in den Farbschlägen weiß und schwarz gezüchtet.

Deutsches Langschan

Bei dem Deutschen Langschan handelt es sich eigentlich um eine chinesische Hühnerrasse, die im Jahr 180 Eier legt. Die braungelben Hühner gehören zu den größeren Hühnerrassen. Sie erreichen ein Endgewicht zwischen 3,5 und 4,5 Kilogramm.

Krüper

Krüper sind grau-weiß gesprenkelte Hühner, die auch als Dachshühner bezeichnet werden. Das Krüper ist eine alte, deutsche Landhuhnrasse. Pro Jahr werden ungefähr 180 Eier gelegt. Das Gewicht der Hühner liegt zwischen 1,5 und 2,75 Kilogramm.

Sachsenhuhn

Das Sachsenhuhn ist aus einer Kreuzung von Minorka, Langschan und Sumatra-Hühnern entstanden. Es wiegt zwischen zwei und drei Kilogramm und legt im Jahr 180 Eier. Die Rasse der strahlend weißen

Hühner ist vom Aussterben bedroht. Sie werden auf der Liste der gefährdeten Nutztierrassen bereits als besonders gefährdet gelistet.

Nackthalshuhn

Das Nackthalshuhn war früher in Europa weit verbreitet. Die Tiere wiegen zwischen 2 und 3 Kilogramm und legen bis zu 180 Eier im Jahr. Die weißen Hühner mit den hellbraunen, gelblichen Flecken auf den Flügeln sind besonders friedlich und werden schnell zahm. Sie bevorzugen es, ihr Futter im Außengehege selbst zu suchen. Ihre Gesundheit ist sehr robust. Die Hühner reagieren nicht empfindlich auf Kälte. Sie gehen auch gerne im Schnee spazieren. Als Stall genügt im Winter ein gut isoliertes Stallhaus. Eine Heizung ist nur bei sehr tiefen Temperaturen erforderlich.

Plymouth Rock

Die grau-weiß gesprenkelten Plymouth Rock sind gute Winterleger. Durchschnittlich können die Hennen 180 Eier im Jahr legen. Die Tiere erreichen ein Gewicht von 2,5 bis 3,5 Kilogramm. Das Wesen der Hühner ist friedlich. Sie werden schnell zahm und genießen die Gesellschaft der Menschen. Auch die Hähne sind gut verträglich. Daher ist es auch möglich, zwei Hähne mit einer größeren Gruppe von Hennen in einem Stall zu halten.

Altsteirer Huhn

Das Altsteirer Huhn wird in den Farbschlägen weiß und wildbraun gezüchtet. Die alte Hühnerrasse war ursprünglich in Deutschland, Österreich und Slowenien sehr beliebt. Das Zwiehuhn wurde wegen seiner guten Fleischleistung und seiner Legeleistung gehalten. Jährlich legt das Altsteirer Huhn 180 Eier, die eine elfenbeinfarbene Schale besitzen. Die Hühner erreichen ein Gewicht von 2,25 bis 3 Kilogramm. Eine Besonderheit dieser freiheitsliebenden Hühnerrasse ist, dass sie ihre Eier nicht nur in den Legenestern ablegen. Der Halter muss sich deshalb auch auf dem Stallboden und im Auslauf auf die Suche nach den geschmackvollen Eiern machen.

Sulmtaler Huhn

Die hellbraun-weißen Hennen und farbenprächtigen Hähne stellen große Anforderungen an ihre Haltung. Sie benötigen viel Auslauf und suchen sich ihr Futter gerne auf eigene Faust. Dennoch wollen sie am Abend einen gemütlichen, warmen Stall vorfinden. Auch im Winter sollte der Stall beheizt sein. Die legefreudigen Hühner legen bis zu 180 Eier im Jahr. Sie erreichen ein Gewicht von 2,5 bis 4 Kilogramm. Charakteristisch für die Sulmtaler Eier ist der würzige Geschmack und die schöne Farbe des Dotters.

5.8.1 Das sollten Sie bei der Haltung von alten und seltenen Hühnerrassen beachten:

Informieren Sie sich vor dem Kauf einer seltenen Hühnerrasse bei dem speziellen Verein über die Bedürfnisse der Tiere. Über den Verein können Sie später auch Hennen, Küken und Zuchthähne erhalten. Einige der seltenen Hühnerrassen stellen auch besondere Ansprüche an die Haltung und die Fütterung. Treten Sie am besten einem Verein in Ihrer näheren Umgebung bei. So erhalten Sie immer Informationen von erfahrenen Züchtern und werden auch bezüglich der gesetzlichen Bestimmungen informiert.

6. Hühner verstehen

Hühner unterscheiden sich in ihrer Anatomie und ihrem Verhalten von den Säugetieren. Sie können ihre Abstammung von den Dinosauriern nicht verleugnen. Aber wie unterschiedlich die Hühner auch sind, sie sind intelligente und fühlende Wesen, denen wir mit Respekt und Liebe begegnen sollten.

6.1 Anatomie

6.1.1 Skelett

Das Stützgerüst des Körpers wird von dem Skelett gebildet. Die Knochen enthalten große Mengen an Kalzium und sind deshalb sehr fest und hart. Das Skelett schützt Knochenmark und Gehirn. Sehnen und Muskeln setzten an den Knochen an und ermöglichen die Bewegungen des Huhnes. Das Schlüsselbein ist gut beweglich und verbindet die Muskulatur des Rumpfes mit der Flügelmuskulatur.

Im Schnabel der Hühner sind keine Zähne vorhanden.

Alle Knochen des Skeletts sind in einer Leichtbauweise gebaut. Bei jungen Hühnern befindet sich im Inneren der Knochen ein bluthaltiges Mark. Dieses wird nach Vollendung des Wachstums zurückgebildet und durch Luftkammern mit dünnen Wänden ersetzt. Über Lungenluftsäcke wird Luft in die Luftkammern gepumpt. Die Knochen sind dadurch trotz des hohen Anteils an Kalzium sehr leicht. Durch die Verringerung des Knochengewichts ist es den Hühnern möglich, zu fliegen.

6.1.2 Muskulatur

Hühner können besser laufen als fliegen. Die Muskeln der Beine sind deshalb besonders kräftig. Selbst beim Jagen nach Futter laufen Hühner und schlagen dabei nicht mit ihren Flügeln. Nähert sich eine Gefahr, flattern die Vögel, um Sitzstangen im oberen Bereich zu erreichen. Einige leichtere Hühnerrassen sind in der Lage zu fliegen. Sie können bis zu zwei Meter hohe Zäune problemlos überwinden.

6.1.3 Gehirn und Nerven

Das walnussgroße Gehirn eines Huhnes ist anders aufgebaut als das der Säugetiere. Es besteht aus der weißen und der grauen Substanz. Die für Säugetiere typischen Windungen der Großhirnrinde fehlen vollständig. Aber Denken und Intelligenz ist auch ohne die Großhirnrinde möglich. Die Neuronen sind in den

Vogelgehirnen besonders dicht angeordnet und ermöglichen so erstaunliche Leistungen. Die Tiere können Emotionen verstehen und abstrakt und logisch denken.

Hühner verfügen über Selbstkontrolle und sind sich ihrer selbst bewusst. Der Rang in der Hackordnung ist ihnen ebenso bekannt, wie die Vorteile eines besseren Futters. Die Vögel picken daher nicht einfach darauf los, sondern sind durchaus in der Lage, auf einen Leckerbissen zu warten.

In Versuchen wurde festgestellt, dass Hühner in der Lage sind, Dinge miteinander zu verknüpfen. Zwei Hühner wurden durch eine Glasscheibe getrennt. Die beiden Vögel konnten miteinander kommunizieren und problemlos Handlungen durchführen, die nur gemeinsam zu einem Erfolg führten. Die intelligenten Tiere merken sich ihren Namen und sind sogar in der Lage zu lernen, wie Türen geöffnet werden.

Hühner lernen voneinander und können auch Zeit bewusst wahrzunehmen. Sie können aus Handlungen lernen und in zukünftigen Situationen darauf reagieren. Die Tiere täuschen und tricksen, wenn es zu ihrem Vorteil notwendig ist und reagieren empathisch auf andere Mitglieder der Hühnerfamilie. Die Tiere sind in der Lage zu träumen, um Erlebnisse des Tages besser zu verarbeiten.

Auch wenn ein Hühnerhirn nur sehr klein ist, sollte die Intelligenz der Tiere nicht unterschätzt werden.

6.1.4 Die Sinne

Aufgrund der seitlichen Anordnung der Augen ist räumliches Sehen nur eingeschränkt möglich. Die Hühner gleichen diesen Umstand dadurch aus, indem sie beim Gehen mit dem Kopf wippen. Bis zu einer Entfernung von fünf Metern können auch unbewegliche Gegenstände gut gesehen werden. Weiter entfernte Dinge werden vor allem über die Bewegungen wahrgenommen. Auch Hühner können Farben sehen. Sie sind sogar in der Lage, Wellen im UV-Bereich wahrzunehmen. Lediglich bei Dunkelheit ist das Huhn fast blind.

Das Gehör eines Huhnes ist gut ausgebildet. Geräusche werden bis zu einer Entfernung von 50 Metern problemlos wahrgenommen. Küken können noch in der geschlossenen Eischale die Laute ihrer Mutter hören. Die erste Kommunikation findet schon 24 Stunden vor dem Schlüpfen statt.

Hühner sind in der Lage, ihre Umwelt zu erschnüffeln. Von den mehr als 570 Geruchsrezeptor-Genen sind über 80 Prozent aktiv. Menschen besitzen hingegen etwa 1.000 Geruchs-Gene, von denen aber nur 50 Prozent aktiv sind. Der Geruchssinn wird für die Suche nach Futter, dem Erkennen von Partnern, Freunden und Feinden eingesetzt. Die Hühner besitzen noch zusätzliche, vogelspezifische Geruchsrezeptoren, deren Funktion heute noch nicht genau erforscht ist.

Der Geschmackssinn eines Huhnes ist nicht sehr ausgeprägt. Es können aber die Geschmacksrichtungen salzig, süß, sauer und bitter unterschieden werden.

6.1.5 Der Verdauungstrakt

Hühner besitzen einen besonderen Verdauungstrakt, der optimal an die Lebensweise der Vögel angepasst ist. Da die aufgepickte Nahrung nicht durch Zähne zerkleinert werden kann, wird diese im Schnabel nur mit Speichel vermischt. Im oberen Bereich der Speiseröhre befindet sich der Kropf. In dieser beutelförmigen Ausstülpung wird das Futter einige Zeit gelagert und vorverdaut. Ist dieser Prozess abgeschlossen, transportieren Kontraktionen der Kropfmuskulatur den Futterbrei zum Magen. Der Magen besteht aus zwei Teilen: dem Drüsenmagen und dem Muskelmagen. Im Drüsenmagen wird der Futterbrei mit Salzsäure, Pepsin und Trypsin vermischt. In dem sauren Milieu kann der Verdauungsprozess starten. Im anschließenden Muskelmagen wird das vorverdaute Futter noch weiter zerkleinert. Im Dünndarm, der aus dem Zwölffingerdarm, dem Leerdarm und dem Hüftdarm besteht, wird der Futterbrei mit Galle und Pankreassaft vermischt. Fette und Eiweiße werden verdaut. Im Dickdarm werden noch benötigte Salze und Flüssigkeit aufgenommen. Pflanzliche Zellen können im langen Blinddarm durch Bakterien abgebaut und verwertet werden. Nicht mehr verwertbare Stoffe werden über die Kloake ausgeschieden.

Der Verdauungstrakt der Hühner ist optimal an die Verwertung von rohfaserreichem und volumenarmem Futter angepasst.

6.1.6 Aufbau der Kloake

Die Kloake hat viele verschiedene Aufgaben. Über die Kloake werden Kot und Harnsäure ausgeschieden. Auch das Ei muss vor dem Legen die Kloake passieren. Aufgebaut ist das Organ aus drei Teilen:

- Coprodaeum: Kotraum
- Urodaeum: Harnraum
- Proctodaeum: Enddarm

In den Harnraum münden die Harnleiter, die Samenleiter und die Eileiter. Während des Kotabsatzes werden die Öffnungen von Harnleiter und Eileiter durch eine Falte der Schleimhaut abgedeckt, damit keine Bakterien einwandern und Entzündungen verursachen können.

6.1.7 Wie entsteht ein Ei?

Hühner können zwischen 150 und 300 Eier pro Jahr legen. Die Legeleistung wird wesentlich durch die Lichtmenge während des Tages bestimmt. Im Winter werden deshalb weniger Eier gelegt als im Sommer. Die Legeleistung ist auch von Alter des Huhnes abhängig. Wie aber entsteht ein Ei eigentlich?

Hühner besitzen nur einen Eierstock und einen Eileiter. Der Eisprung findet einmal pro Tag statt. Der gelbe

Dotter, in dessen Mitte die Eizelle schwimmt, reift zuerst im Eierstock. Hier kann das Ei mit den Spermien eines Hahnes befruchtet werden. Sobald der Dotter groß genug ist, löst er sich ab und wandert durch den Eileiter. Bei der Befruchtung der Eier besteht noch eine weitere Besonderheit. Hennen sind in der Lage, die Spermien des Hahnes in Schleimhautfalten zu lagern. Gleitet ein Dotter vorbei, werden immer auch einige Spermien für die Befruchtung freigesetzt. Dadurch sind Hennen in der Lage, auch noch Wochen nach dem letzten Kontakt mit einem Hahn befruchtete Eier zu legen. Im Legeapparat wird der Dotter von mehreren Schichten Eiklar eingehüllt. Durch die Drehung des Eis bilden sich am vorderen und am hinteren Ende gedrehte Schnüre, die der Dotterkugel im Ei Halt geben. Als äußerste Schicht wird die Schalenhaut gebildet. Das Ei gleitet weiter nach unten. Durch Drüsen wird die Kalkschale auf die Schalenhaut gespritzt. Die Ausbildung der festen Schale dauert ungefähr 20 Stunden. Die Schale schützt das Innere des Eis, der Luftaustausch findet durch Poren statt. Jetzt ist das Ei fertig und kann gelegt werden.

6.2 Verhaltensweisen

Jedes Huhn ist ein individuelles Wesen, das einen eigenen Charakter besitzt und bestimmte Vorlieben hat. Wenn auch einige Verhaltensweisen, wie Aggression, Angst oder Zutraulichkeit bei einigen Hühnerrassen verstärkt auftreten, zeigt doch jedes Huhn eigene Verhaltensweisen. Hühner sind sehr sozial. Sie leben in Gruppen und schließen Freundschaften. Sie erkennen die eigenen Küken und reagieren empathisch auf die Stimmung anderer Hühner. Einige der Vögel sind lustig und neugierig, andere scheu und zurückhaltend.

Die Hühner besitzen auch eine eigene Form der Kommunikation. Sie geben innerhalb der Hühnerfamilie Informationen über Futterquellen wieder. Für die Art des Futters sind sogar 20 verschiedene Gacker-Laute vorhanden. Hennen sprechen mit den Küken und stoßen bei der Verteidigung knurrende Laute aus. Auch für Missbilligung und allgemeine Beschwerden sind eigene Laute vorhanden. Hähne verfügen über eine andere Sprache als Hennen. Sie krähen, um ihre Kraft und ihren Rang zu demonstrieren. Über Lockrufe und kleine Geschenke werden Hennen für die Paarung angelockt. Feinde aus der Luft werden mit anderen Lauten angezeigt als Feinde, die sich auf der Erde nähern. Die Warnsignale können durchaus mit menschlichen Worten verglichen werden.

6.3 Lebensphasen

- Ei
- Kükenphase
- Wachstumsphase

- Das ausgewachsene Huhn
- Erhaltungsphase

Das Leben eines Huhns beginnt im Ei. Im Eidotter befinden sich die Keimscheibe und Blutgefäße, die den wachsenden Embryo mit Nährstoffen versorgen. Der Schlag des Herzens ist bereits ab dem dritten Tag sichtbar. Am 21. Tag steht das Küken kurz vor dem Schlüpfen. Es hat den Dottersack in den Bauchraum gezogen, damit es für die ersten beiden Tage nach dem Schlupf Nahrungsreserven hat. Die Küken kommunizieren durch die Eischale miteinander und sprechen so den Zeitpunkt des Schlupfs ab.

Kükenphase

Die Kükenphase wird weiter unterteilt in:

- Totale Konzentrationsphase: 1. bis zum 4. Tag
- Fluktuierende Kontaktzone: 4. bis zum 16. Tag
- Dispersionsphase: ab dem 16. Tag

Nach dem Schlupf beginnt die erste Lebensphase. Die Küken sind noch vollständig auf ihre Mutter angewiesen und werden von ihr gewärmt. Die Kükenphase dauert bis zur achten Lebenswoche. In den ersten Tagen werden die Küken auf ihre Umgebung und ihre Mutter geprägt. Danach lernen sie, nach Futter zu suchen. Die Henne pickt immer wieder Futter auf und lässt es wieder fallen, damit die Küken ihr Verhalten nachahmen können. Ab dem fünften Tag entfernt sich die Henne mit den Küken immer weiter von dem Nest. Die jungen Tiere lernen jetzt ihre Umgebung kennen. In der Dispersionsphase entfernen sich die Küken immer weiter von der Henne. Stößt diese einen Warnruf aus, eilen die Küken schnell zu ihr. Ab der fünften Woche hat jedes Küken einen eigenen Platz auf der Sitzstange. Der Familienverband wird lockerer. Nach acht Wochen ist der Mutterinstinkt der Henne erloschen. Sie pickt die Küken weg.

Die Wachstumsphase

In der Wachstumsphase von der 9. bis zur 22. Lebenswoche nimmt das Huhn ständig an Gewicht zu. Mit 22 Wochen sind die meisten Hühner legereif.

Die Erhaltungsphase

Die Erhaltungsphase beginnt in der 40. Lebenswoche. Eventuell muss der Energiegehalt des Futters verringert werden.

Bei tiergerechter Haltung kann ein Huhn eine Lebensdauer von bis zu acht Jahren erreichen.

6.4 Körpersprache

Hühner kommunizieren nicht nur mit einer Lautsprache, sondern auch mit der Körpersprache. Die Flügel dienen ebenso wie die Hände der Menschen zum Gestikulieren. Kleine Streitigkeiten können über die Körpersprache ausgetragen werden.

6.4.1 Flügelklatschen

Dieses Verhalten wird vor allem von Hähnen gezeigt. Die Flügel werden über dem Rücken zusammengeschlagen. Der Hahn demonstriert seine Stärke und sichert sich den Anspruch auf die Hennen.

6.4.2 Flügelschwenken

Rangniedrigere Hühner legen die Federn eng am Körper an. Sie machen sich klein und wedeln leicht mit den Flügeln. Dadurch wird stärkeren Hühnern vermittelt, dass ihr höherer Rang akzeptiert wird.

6.4.3 Flügelheben

Bei Streitigkeiten und Drohungen senkt die schwächere Henne den Kopf und dreht die Flügel weg. Sie versucht einer Bestrafung durch das stärkere Tier zu entgehen.

6.4.4 Kratzfuß

Starke Hähne umkreisen die Hennen oder schwächere Tiere und strecken dabei einige Federn der Flügel vom Körper ab.

6.4.5 Drohgesten

Die Tiere richten sich auf und drehen den Schwanz zur Seite. Kurz vor einem Kampf werden die Federn am Hals abgespreizt.

6.4.6 Glucken

Mit gesträubten Federn und nach der Seite gestreckten Flügeln gluckt die Henne. Der Kopf wird abgewendet und versteckt.

6.5 Krankheiten

Krankheiten können durch verschiedene Ursachen ausgelöst werden. Einige Erkrankungen müssen als Tierseuchen der zuständigen Behörde und dem Amtstierarzt gemeldet werden.

6.5.1 Bakterielle Erkrankungen

Eileiterentzündung

Bakterien dringen über Verletzungen in den Körper ein und verursachen Entzündungen. Die Federn im Bereich der Kloake sind verfärbt und verklebt. Die Hühner magern ab und sind apathisch. Entzündungen des Legedarms können in jedem Alter vorkommen.

Schnupfen

Ein kalter und zugiger Stall erhöht das Risiko für Erkältungen. Die durch Viren geschädigten Schleimhäute werden von Bakterien besiedelt. Eitriger Nasenausfluss und Augenausfluss tritt auf. Breiten sich die Bakterien bis zur Lunge aus, verursachen diese eine Lungenentzündung. Das Huhn niest und schüttelt den Kopf, die Atmung ist erschwert.

Weiße Kükenruhr

Futter und Einstreu sind bei einer schlechten Haltung mit Bakterien verunreinigt. Die Küken können schon im Ei mit den Bakterien infiziert werden. Die Hühner sind schwach und leiden unter Durchfall.

Geflügelcholera

Das Bakterium Pasteurella multocida verursacht blutigen Durchfall, Atemnot und ein Anschwellen der Gelenke. Die Erkrankung verläuft bei 50 Prozent der Hühner tödlich.

Tuberkulose

Mykobakterien befallen die Lunge, den Darm und andere Organsysteme. Die Hühner magern ab und sterben. Gefährdet sind vor allem ältere Hühner, deren Immunsystem bereits geschwächt ist und Hühner, die unter schlechten Haltungsbedingungen leben müssen. Einige Mykobakterien können auf den Menschen übertragen werden. Da eine Heilung nicht möglich ist, sollte immer der gesamte Hühnerbestand getötet werden, um eine weitere Übertragung der Tuberkulose zu verhindern.

6.5.2 Erkrankungen durch Parasiten

- Kalkbeine: Kalkbeine werden durch Grabmilben verursacht. Während die Hühner sich auf den Sitzstangen aufhalten, graben die Milben tiefe Gänge in die Schuppenschicht der Beine. Durch die Entzündung bilden sich Wucherungen. Die Beine sind von dicken, gelben Borken bedeckt.

- Kokzidiose: Einzeller siedeln sich im Darm der Hühner an und verursachen schwere Durchfälle. 30 Prozent der Hühner sterben durch den hohen Verlust an Flüssigkeit
- Würmer: Spulwürmer, Luftröhrenwürmer, Hakenwürmer oder Bandwürmer.

6.5.3 Erkrankungen durch Pilze

Aspergillose

Schimmelpilzsporen gelangen mit der Atemluft in die Lunge. Atemnot, Durchfall und Müdigkeit treten auf. Die Erkrankung endet tödlich.

Kammgrind

Die Pilze befallen die Kehllappen und den Kamm.

6.5.4 Erkrankungen durch Viren

Newcastle Disease

Die atypische Geflügelpest ist hochansteckend. Das Virus breitet sich schnell innerhalb eines Bestandes aus, da es direkt von Huhn zu Huhn über den Kot und das Nasensekret übertragen wird. Küken können bereits vor dem Schlüpfen im Ei mit dem Virus infiziert werden. Bei den Vögeln treten starker Durchfall und Schnupfen auf. Jeden Tag sterben einige Hühner. Tritt die Erkrankung in einer Hühnerherde auf, muss der Amtstierarzt verständigt werden. Eine Behandlung der erkrankten Tiere darf nicht erfolgen. Die Impfung ist per Gesetz vorgeschrieben und muss nach der Grundimmunisierung in regelmäßigen Abständen aufgefrischt werden.

Geflügelpest (Vogelgrippe)

Die anzeigepflichtige Erkrankung wird durch Grippeviren verursacht. Häufig werden die Viren durch wildlebende Vögel in den Hühnerbestand eingeschleppt. Die Hühner leiden unter Fieber und Atemnot. Sie verweigern das Futter. Weitere Symptome sind Durchfall und Bewegungsstörungen. Das Huhn legt nur mehr Eier mit sehr dünner Schale. Oft ist die Schale überhaupt nicht mehr ausgebildet. Eine Behandlung ist nicht gestattet. In Deutschland ist die Impfung gegen Geflügelpest verboten.

Bronchitis

Die Tiere niesen und leiden unter Atemnot. Die Federn sind struppig.

Geflügelpocken

An Kamm und Kehllappen bilden sich Knoten. Die Hühner können gegen Pocken geimpft werden.

Marek Geflügellähmung

Das Herpes-Virus infiziert das Gehirn und die Nerven. Der Erreger wird über die Luft und verschiedene Parasiten, wie Milben, übertragen. Die Hühner leiden unter Bewegungsstörungen und Lähmungen. Bei der akuten Form sind Hautwucherungen sichtbar. An den inneren Organen treten Lymphome auf. Die Erkrankung verläuft bei 30 bis 50 Prozent der Hühner tödlich. Infizierte Hühner, die überlebt haben, scheiden das Virus den Rest ihres Lebens über Speichel, Nasensekret, Kot und ausfallende Federn aus. Werden diese Hühner nicht aus dem Bestand entfernt, wird das Virus immer wieder auf neu zugekaufte Tiere übertragen. Eine Impfung ist möglich, wird aber meistens nur bei wertvollen Zuchthühnern durchgeführt.

6.5.5 Krankheiten durch schlechte Haltung

- Rachitis
- Gicht

6.5.6 Krankheiten des Legeapparates

Außer der bakteriell bedingten Entzündung des Legeapparates können noch weitere Erkrankungen auftreten:

Legenot

Die Legenot entsteht durch einen Eileiter, der erschlafft ist, oder durch ein querliegendes Ei, das nicht mehr weitertransportiert und steckengeblieben ist. Da immer neue Eier nachgeschoben werden, ist die Legenot für die Henne sehr schmerzhaft.

Legedarmvorfall

Die Erkrankungen tritt vor allem bei Hybridhühnern auf, die auf Hochleistung gezüchtet wurden. Vor allem im zweiten Legejahr entstehen häufiger Eier, die zwei Dotter enthalten. Die Schleimhaut des zu stark beanspruchten Legedarms stülpt sich nach außen.

7. Das erste eigene Huhn: Der Kauf

Bevor eine eigene Hühnerherde aufgebaut wird, müssen einige wichtige Entscheidungen getroffen werden. Sollen Bruteier, Küken oder Junghühner angekauft werden? Um die Bruteier auszubrüten sind höhere Anfangsinvestitionen notwendig, z. B. ist ein Brutapparat erforderlich. Bruteier kosten weniger als Junghühner, aber Anfänger in der Hühnerhaltung stoßen beim Ausbrüten der Eier oft schnell an ihre Grenzen. Die Schlupfrate ist dadurch deutlich herabgesetzt. Einfacher ist es, wenn man Hühner im Garten halten möchte, Junghühner als erste Hühnerfamilie zu kaufen.

Für welche Hühnerrasse Sie sich entscheiden, hängt von Ihren bisher gesammelten Erfahrungen und der gewünschten Nutzungsart ab. Für Einsteiger eignen sich besonders gut robuste Hühner, die einfach zu halten sind und auch schnell zahm werden. Gute Hühnerrassen für Einsteiger sind zum Beispiel das Vorwerkhuhn oder das Orpington.

7.1 Wann sollten Hühner gekauft werden?

Die ideale Zeit, um eine Hühnerfamilie aufzubauen, ist im Frühjahr. Dabei ist der Umzug für die Tiere immer mit Stress verbunden. Der Transport sollte möglichst schonend und mit Pausen für die Tiere erfolgen. Findet der Kauf der Hühner im Sommer statt, ist die große Hitze ein zusätzlicher Stressfaktor.

Die Hühner können sich im Frühjahr auch am besten an ihr neues Gehege gewöhnen. Sie können die Tiere bei gutem Wetter kennenlernen. Durch die Beobachtung erfahren Sie viel über das Verhalten und den Charakter jedes einzelnen Huhnes. Werden die Hühner erst im späten Herbst oder im Winter gekauft, halten sie sich nicht mehr so lange Zeit im Freigehege auf. Natürlich gehen Hühner auch gerne im Schnee spazieren. Aber bei Kälte macht die Beobachtung nicht so viel Spaß wie im Sommer.

7.2 Rassehühner oder Hybridhühner?

Alte Rassen sind in der Anschaffung teurer. Die Hühner legen allerdings konstant über mehrere Jahre Eier. Die Tiere können bis zu acht Jahre alt werden. Besonders legefreudig sind zum Beispiel Vorwerkhühner oder Orpington. Die gekauften Hühner sollten immer möglichst jung sein, da ab dem zweiten Lebensjahr die Legeleistung langsam abnimmt.

Wenn Sie sich für ein Hybridhuhn entscheiden, sind die Anschaffungskosten deutlich niedriger. Die Tiere sind aber anfälliger für Krankheiten. Im Alter von 1,5 Jahren sinkt die Legeleistung plötzlich ab. Während alte Rassen noch immer mehrere Eier pro Woche legen, erhalten Sie von einem Hybridhuhn vielleicht ein Ei pro Woche.

7.3 Was kostet ein Huhn durchschnittlich?

Durchschnittlich kosten Vorwerkhühner zehn bis 20 Euro pro Tier. Haben Sie sich für eine seltene Hühnerrasse entschieden, liegen die Anschaffungskosten höher. Hybridhühner kosten ungefähr 7,50 Euro pro Tier. Am teuersten sind prämierte Schauhühner. Sie stellen auch höhere Ansprüche an den Stall und die Haltungsbedingungen. Daher sind die teuren Schauhühner auch nicht unbedingt für Anfänger in der Hühnerhaltung geeignet.

7.4 Wo können Sie ein Huhn kaufen?

Hühner können von verschiedenen Verkäufern erworben werden:

- Privatanbieter und Hobbyzüchter
- Über das Internet per Versand
- Gewerbliche Geflügelzüchter

- Kleintierausstellungen
- Tierschutzvereine

Eine Liste der gewerblichen Geflügelzüchter erhalten Sie über den BDRG (Bund deutsches Rassegeflügel). Auf der Homepage können Sie sich über Landesverbände und Geflügelzüchter in Ihrer näheren Umgebung informieren.

Tierschutzvereine suchen oft Plätze für Legehennen, die von Großbetrieben ausgemustert werden. Diese Tiere sind nicht so gut für Anfänger geeignet. Sie haben in ihrem Leben keine Sonne und keine Freiheit kennengelernt. Die Hühner müssen erst langsam an ein normales und tiergerechtes Leben gewöhnt werden. Oft machen sich auch Verhaltensstörungen bemerkbar. Da es sich bei den Hybridhühnern um Hochleistungshühner handelt, sind diese auch anfälliger für Erkrankungen und sie besitzen eine geringere Lebenserwartung. Sind bereits Hühner vorhanden, kann die Eingewöhnung von Hybridhühnern in die Hühnerherde Probleme bereiten.

7.5 Worauf sollten Sie bei jedem Huhn achten?

Wenn Sie ein Tier direkt vor Ort kaufen, beobachten Sie das Huhn genau. Ist das Federkleid glänzend und nicht struppig? Sind die Augen klar? Können Sie einen Ausfluss aus dem Schnabel oder den Nasenöffnungen sehen? Ein verantwortungsvoller Geflügelzüchter wird Ihnen sicher kein krankes Huhn verkaufen. Selbstverständlich gibt es aber auch auf dem Geflügelmarkt schwarze Schafe.

7.6 Wie viele Hühner sollten Sie kaufen?

Hühner sind Tiere, die ein ausgeprägtes Sozialverhalten besitzen. Sie kommunizieren miteinander, spielen und kuscheln. Eine Einzelhaltung entspricht nicht den natürlichen Bedürfnissen des Huhnes.

Die Anzahl der Hühner ist abhängig von der Stallgröße und der zur Verfügung stehenden Auslauffläche. Eine Hühnerfamilie sollte aber immer mindestens aus drei Tieren bestehen.

7.7 Wollen Sie nur Hennen in der Herde oder soll auch ein Hahn gekauft werden?

Hühner sind problemlos zu halten. Sie glucksen, aber machen kaum Lärm. Bei einem Hahn kann es durchaus Probleme mit den Nachbarn geben. Er kräht bereits in den frühen Morgenstunden laut und sorgt für eine Störung der Nachtruhe. Wägen Sie also gut ab, ob Sie einen Hahn als Führer der Hühnerfamilie benötigen.

8. Der perfekte Hühnerstall/ Das perfekte Hühnergehege

Damit Hühner glücklich im Garten leben, benötigen Sie einen tiergerechten Stall mit einem großen Auslauf. Ein Hühnerstall kann fertig gekauft oder selber gebaut werden.

8.1 Wie groß sollte der Hühnerstall sein?

Bei den folgenden Angaben handelt es sich um Mindestwerte, die von der Europäischen Union vorgeschrieben werden. Damit sich die Hühner in ihrem Zuhause wohlfühlen, sollte die Stallgröße über die Mindestmaße hinausgehen.

Auf jedem Quadratmeter Stallfläche können drei Hühner gehalten werden. Für größere Hühnerrassen wird mehr Platz benötigt. Hier können auf einem Quadratmeter nur zwei Tiere gehalten werden.

Ein Drittel der Bodenfläche muss als Scharrraum zur Verfügung stehen. Dafür ist eine Einstreu mit einer Höhe von 15 Zentimeter notwendig. In den restlichen zwei Dritteln der Bodenfläche befinden sich Sitzstangen mit einem Kotbrett. Die Sitzstangen müssen in unterschiedlicher Höhe angebracht werden, damit die Hühner entsprechend ihrer Rangordnung die Sitzstangen nutzen können. Jedes einzelne Huhn benötigt eine Sitzstange von mindestens 25 Zentimetern Länge.

Damit die Eier nicht im Stall oder Auslauf verteilt werden, benötigen Sie Legenester. Sie können sich zwischen Einzel-Legenestern und Gruppen-Legenestern entscheiden. Die Größe eines Legenests beträgt 35 × 35 × 35 Zentimeter. In diesem Nest können sich drei bis maximal vier Hühner aufhalten.

8.2 Welche Auslaufgröße wird benötigt?

In Deutschland wird die Freifläche für ein Bio-Huhn mit vier Quadratmetern angegeben. Ist der Auslauf zu klein, wird die Wiese schnell unter dem Scharren und Picken der Hühner leiden. Die Größe des Auslaufs sollte sich nach der Hühnerrasse, dem Bewegungsdrang der Hühner und der Rangordnung (Hackordnung) richten. Ein großer Auslauf hilft, Stress in der Hühnerherde zu vermeiden, da sich rangniedrige Tiere besser absondern können.

8.3 Welche Hühnerstallarten gibt es?

Ein Hühnerstall kann stationär aufgebaut oder mobil sein.

8.3.1 Der mobile Hühnerstall

Die Größe des mobilen Hühnerstalls richtet sich nach der Größe des Gartens. Der Stall steht auf Rädern und kann jederzeit an eine andere Stelle des Gartens verschoben werden. Meistens sehen mobile Hühnerställe wie Anhänger aus, die mit der Deichsel verschoben werden können. Bei großen, mobilen Hühnerställen ist die Deichsel mit einer Anhängerkupplung ausgestattet.

Welche Vorteile hat ein mobiler Hühnerstall?

- Er ist flexibel und nicht von einem festen Aufstellungsort abhängig.
- Den Hühnern steht immer wieder über das Jahr hinweg eine neue Grasfläche zur Verfügung.
- Der Hühnergarten ist nicht festgelegt.

Wenn Sie den mobilen Hühnerstall an eine neue Stelle gebracht haben, kann sich das Gras wieder erholen.

Welche Arten von mobilen Hühnerställen gibt es?

1. Einfacher, mobiler Hühnerstall: Ein Hühnerhaus auf Rädern bietet den Hühnern Schutz vor schlechter Witterung und Feinden. Mit dem Stall ist kein

Außengehege kombiniert. In einem einfachen, mobilen Hühnerstall finden zwei bis zehn Hühner Platz.

2. Großer, einfacher und mobiler Hühnerstall: Diese Form des mobilen Hühnerstalls findet hauptsächlich auf Bauernhöfen Verwendung.
3. Mobiler Hühnerstall mit Freilauf: An den mobilen Hühnerstall ist ein kleiner Garten ohne Dach angeschlossen. Die Hühner sind im Außenbereich nicht vor Feinden geschützt.
4. Mobiler Hühnerstall mit Gehege: Das Außengehege ist auch nach oben hin mit einem Dach gesichert. Die Hühner können das Gehege nicht verlassen. Feinde dringen nicht bis zu den Hühnern vor.

Ein mobiler Hühnerstall ist vor allem für Anfänger ideal. Entscheiden Sie sich doch wieder gegen eine Haltung von Hühnern in Ihrem Garten, können Sie den mobilen Hühnerstall ohne Probleme verkaufen.

8.3.2 Der stationäre Hühnerstall

Die Wände eines stationären Hühnerstalls bestehen aus Stein oder Holz. Soll der Stall auch im Winter bewohnt werden, müssen die Wände gedämmt werden. Die Fenster sollten Sie bereits bei der Errichtung des Stalls gut planen. Die Legeleistung der Hühner ist vor allem von der Menge an Tageslicht abhängig. Daher ist es auch vorteilhaft, den Stall zusätzlich elektrisch zu beleuchten, um auch in den Wintermonaten ausreichend Licht zur Verfügung zu haben.

Damit die Luft nicht mit Schadstoffen angereichert ist, muss eine entsprechende Lüftung in die Planung miteinbezogen werden. Die Lüftung kann über die Fenster, über Lüftungsklappen oder bei großen Ställen durch einen Ventilator erfolgen.

Welche Vorteile hat ein fester Hühnerstall?

- Der Stall hat eine hohe Stabilität.
- Feinde können so nicht leicht in den Stall eindringen.
- Durch die Dämmung ist der Stall im Winter vor der Kälte geschützt.

Welche Arten von fixen Hühnerställen gibt es?

1. Eingeschossiges Haus: Der Stall besteht aus einer Hütte, an die auf einer Seite ein Nestbereich mit Legenestern und Schlafnestern angeschlossen ist. Eine Treppe führt ins Freie. Der Bereich der Legenester kann von außen getrennt geöffnet werden. Die Entnahme der Eier ist jederzeit ohne Stress möglich.
2. Zweigeschossiger Kleintierstall: Der Stall besteht aus zwei Ebenen. Im oberen Bereich befinden sich die Schlafnester und die Legenester. Die untere Ebene bildet den gesicherten Auslauf, über den die Hühner auch in den Garten gelangen können.

Besteht wegen Vogelgrippe eine gesetzliche Aufstallungspflicht, können die Hühner den Auslauf der unteren Ebene problemlos nutzen und müssen nicht den ganzen Tag im Stall verbringen.

8.3.3 Worauf sollten Sie bei einem Hühnerstall generell achten?

Eine hochwertige Verarbeitung schützt die Hühner vor Verletzungen. Vorstehende Schrauben oder scharfe Kanten müssen immer vor dem Einzug der Hühner entfernt werden. Sitzstangen und Nistkästen müssen gut befestigt sein. Das Holz darf nicht bei Benutzung brechen. Die Hühnerleiter muss gut fixiert werden. Bei einem mobilen Hühnerstall sollten die Räder an dem Aufstellungsort immer blockiert werden, damit sich der mobile Stall nicht ruckartig verschieben kann.

Türe, Fenster und Belüftungsöffnungen sollten vergittert werden, damit Füchse, Marder oder Ratten nicht in das Innere des Hühnerstalls gelangen können. Für die Türe und die Fenster wird zusätzlich ein Sicherheitsschloss benötigt. Über die Belüftungsöffnungen sollte immer ausreichend frische Luft in den Stall gelangen, damit sich die Innenluft nicht mit Ammoniak anreichert.

8.3.4 Einen Hühnerstall kaufen oder selber bauen?

Geschickte Heimwerker können einen Hühnerstall auch selber bauen. Auf dem Markt sind auch kostengünstige Ställe erhältlich, die alle Anforderungen an eine artgerechte Hühnerhaltung erfüllen. Sie haben den Vorteil, dass sie schnell zusammengebaut sind. Die Hühnerfamilie kann schon kurz nach der Lieferung einziehen.

Wenn Sie einen fertigen Stall kaufen, sollten Sie immer die Maße genau überprüfen. Auf den Bildern können Ställe sehr groß wirken. Sind diese einmal aufgestellt, erkennen Sie, dass der Platz für Ihre Hühner nicht wirklich ausreicht. Deshalb sollten Sie immer vor dem Kauf die Maße des Stalls im Garten abstecken, um sich von der realen Größe zu überzeugen.

8.4 Die Ausstattung des Stalls

Damit sich Ihre Hühner wohlfühlen, müssen sie im Hühnerstalle alle ihre natürlichen Bedürfnisse ausleben können. Neben den Sitzstangen in unterschiedlichen Höhen ist ein großer Scharraum erforderlich. Die Schlafnester sollten in einer ruhigen Ecke aufgestellt werden. Sie müssen vor Zugluft und Nässe geschützt sein, um den Hühnern ein komfortables Bett zu bieten. Legenester sollten an einer Wand befestigt werden. Eine zusätzliche Türe erleichtert die Entnahme der Eier, ohne die Hühner zu stressen.

Zusätzliche Versteckmöglichkeiten ermöglichen es rangniedrigen Hühnern, sich zurückzuziehen. Streitigkeiten werden so vermieden.

Futterschüsseln und Wasser sollten immer so aufgestellt werden, dass der Inhalt nicht durch Streu verunreinigt wird. Laufen die Hühner immer wieder durch das Wasser und Futter, wird dieses mit Bakterien verschmutzt. Es treten dann immer wieder Magen-Darminfektionen auf.

Die Reinigung

Der Hühnerstall muss leicht zu reinigen sein. Die Futter- und Wasserschüsseln werden täglich entnommen und desinfiziert und gereinigt. Erst dann können sie mit neuem Inhalt befüllt werden. Damit die Einstreu nicht durchfeuchtet und verschmutzt ist, muss sie regelmäßig gewechselt werden. Es ist daher wichtig, den Stall gut betreten zu können. Reinigungsarbeiten können bei einer entsprechenden Stallhöhe leichter durchgeführt werden.

8.5 Der Auslauf

Die meisten Hühner laufen über den Boden und fliegen nicht. Bei Gefahr flattern sie in die Höhe. Nur sehr leichte und kleine Hühnerrassen können gut fliegen. Sie sollten unbedingt in einem auch nach oben abgesicherten Gehege gehalten werden. Die meisten

Hühnerrassen können einfach freilaufend im Garten gehalten werden.

Die Ausstattung des Auslaufs

Hühner bewegen sich nicht gerne auf freien, offenen Flächen, da sie hier nicht vor Räubern geschützt sind. Ist ein Auslauf nicht strukturiert, halten sich die Tiere immer nur in der Nähe der Stallwände auf. Der restliche Garten bleibt ungenutzt.

Bevor die Hühner bei Ihnen einziehen, sollten Sie daher immer auch den Garten entsprechend bepflanzen. Achten Sie unbedingt darauf, dass sich in dem Garten keine Giftpflanzen befinden. In der Mitte des Auslaufs sollte ein größerer Baum stehen. Seine Äste spenden Schatten und bieten Schutz vor Raubvögeln. Im Umkreis des Baumes können die Hühner scharren und nach Herzenslust picken. Der Auslauf sollte in den Randbereichen durch einen Zaun gesichert sein. Zusätzliche Büsche bieten den Hühnern Schutz und ermuntern sie, den ganzen Auslauf zu nutzen. Gut geeignet sind Vogelbeer-Sträucher, ein Flieder, Heckenrosen, Schlehen oder Forsythien. Die Beeren bieten den Hühnern eine willkommene Abwechslung auf dem Speiseplan. Thujen sind auch für Hühner giftig und sollten nicht im Garten angepflanzt werden.

Hühner brauchen Abwechslung

Hühner picken gerne. Eine Wiese mit verschiedenen Blumen und Kräutern passt daher besser zu einem

Hühnergarten als ein englischer Rasen. Die Hühner reinigen dafür die Grasfläche von Milben, Zecken und Würmern. Sie reduzieren durch ihr Pickverhalten das Risiko, dass sich im Stall Parasiten ausbreiten.

Futter und Wasser im Auslauf

Auch im Auslauf sollte den Hühnern immer frisches Wasser zur Verfügung stehen. Ihr Futter suchen sich die intelligenten Tiere gerne selber. Trotzdem werden zusätzliche Leckerbissen, wie Mehlwürmer oder getrocknete Garnelen nicht verschmäht.

Wasserschüsseln dürfen nicht direkt in der Sonne stehen. Die Sonne wärmt das Wasser und fördert das Wachstum von Algen. Sind die Wasserschüsseln im Inneren mit einem grünlichen Belag bedeckt, muss dieser unbedingt vor der neuerlichen Befüllung entfernt werden.

9. Das beste Hühnerfutter

Hühner sind Allesfresser. Sie ernähren sich in der Natur von Körnern, Samen, Würmern, Schnecken und Insekten. Die Zusammensetzung muss sich nach dem Alter der Hühner, der Nutzung und der Aktivität richten. Über das Futter können Sie die Qualität der Eier maßgeblich beeinflussen. Je abwechslungsreicher das Futter ist, umso geschmackvoller sind auch die Eier.

Das Thema Futter wird immer wieder sehr kontrovers diskutiert. Benötigen Sie nur Alleinfutter oder ist auch Ergänzungsfutter notwendig? Sollen die Hühner auch mit Snacks verwöhnt werden?

Hier muss auch die Entscheidung getroffen werden, ob die Hennen aufgrund hoher Leistung durch Eiablage oder Kükenaufzucht mehr Eiweiß und Energie über das Futter benötigen. Auch wenn Sie das Hühnerfutter selber anbauen, sollten Sie immer darauf achten, dass kein Mangel an Nährstoffen entstehen kann. Sie können Ihr Hühnervolk auch über Snacks, bestehend aus Garnelen oder Mehlwürmern, mit den notwendigen Aminosäuren versorgen.

Im Endeffekt entscheiden Sie, welches Futter für Ihre Hühner das Beste ist. Entscheidend für die Auswahl des Hühnerfutters ist die Zusammensetzung, die Herkunft und der Preis. Sie müssen das Futter aber nicht unbedingt kaufen. Es ist einfacher, Hühnerfutter selbst anzubauen und zu mischen.

9.1 Welche Arten von Hühnerfutter gibt es?

Die Einteilung des Hühnerfutters ist nach mehreren Kriterien möglich:

1. Nach Alter:

- Kükenstarter
- Kükenfutter
- Junghennenfutter
- Erhaltungsfutter

2. Nach der Nutzung:

- Legehennenfutter
- Mastfutter

3. Nach der Zusammensetzung:

- Alleinfutter
- Ergänzungsfutter
- Snacks

9.1.1 Kükenstarter

Ein Kükenstarter ist ein hochwertiges Alleinfutter, das für Mastküken und Legeküken verwendet werden kann. Das Futter enthält höhere Mengen an Eiweiß, Energie und Vitaminen, da die Küken einen höheren Bedarf an Nährstoffen haben. Durch die angepasste Struktur des Futters können die Küken auch mit ihrem kleinen Schnabel die Futterteile gut aufpicken. Das Futter liegt entweder in Mehlform oder als kleine Pellets vor und muss bis zu sieben Mal täglich angeboten werden. Die enthaltenen Mineralstoffe, Vitamine und Spurenelemente helfen dem Küken, ein belastbares Immunsystem aufzubauen. Der Kükenstarter ist für die ersten vier Lebenswochen geeignet.

9.2 Kükenstarter selber machen

Sie können einen Kükenstarter einfach selbst herstellen. Verwenden Sie dazu eingeweichte Haferflocken, Brennnesseln und Brennnesselsamen, gekochte Eier, zerkleinerte Karotten und Salatblätter. Als alternative Eiweißquelle eignen sich Sojabohnen.

Später können auch Brokkoli und anderes zerkleinertes Gemüse unter das Futter gemischt werden.

9.2.2 Aufzuchtfutter

Das Aufzuchtfutter ist mit seinen Nährstoffen genau auf die Bedürfnisse der wachsenden Küken abgestimmt. Es wird von der vierten bis zur achten Lebenswoche gefüttert.

Das Aufzuchtfutter besteht aus Pellets. Zusätzlich sollte immer eine Schale mit Muschelsand aufgestellt werden, damit die Küken das Futter besser verdauen können. Reiner Weizenschrot oder Legemehl sind für die wachsenden Küken nicht geeignet, da diese Futterarten zu wenig Nährstoffe enthalten. Das Aufzuchtfutter wird bis zu achten oder neunten Lebenswoche gefüttert.

9.2.3 Junghennenfutter

Junghennenfutter wird von der 8. bis zur 22. Lebenswoche gefüttert. Die Junghennen verbringen viele Stunden am Tag mit der Suche nach Futter. Neben dem angebotenen Futter nehmen die Hühner auch viele Pflanzen und damit Rohfaser auf. Damit die Futtermenge, die ein Huhn frisst, erhöht wird, muss der Energiegehalt verringert werden. Junghennenfutter besteht aus Erbsen, Grünmehl, Weizen, Sonnenblumenkernen ohne Schale, Weizenkleie, Pflanzenöl, Weizenkörnern und Raps. Anstelle von Weizen kann auch Hafer verwendet werden. Junghennenfutter ist in der Zusammensetzung dem Aufzuchtfutter sehr ähnlich. Es enthält allerdings bereits gröbere Futteranteile, da die Tiere bereits in der Lage sind, gut zu picken.

9.2.4 Legefutter

Damit starke Eischalen gebildet werden können, benötigen die Hennen ein gutes Legefutter mit einem hohen Kalziumgehalt. Die Nährstoffe müssen in einem ausgewogenen Verhältnis enthalten sein.

Nährstoffe im Legefutter:

- 60 Prozent Kohlenhydrate
- 20 Prozent tierisches Eiweiß
- 10 Prozent pflanzliches Eiweiß
- 10 Prozent Öl
- Kalk (Mineralstoffe)
- Kleie
- Gras und Kräuter (Vitamine, Rohfaser)

9.2.5 Erhaltungsfutter

Das Erhaltungsfutter besitzt einen geringeren Energiegehalt als das Legehennenfutter. Es besteht vor allem aus Getreide, Kräutern, Soja und Mineralien.

9.2.6 Zusatzfutter

Das normale Futter deckt alle Bedürfnisse der Hühner ab. Zusätzliches Futter wird von den Tieren gerne angenommen. Es erhöht die Qualität der Eier und wirkt sich auch positiv auf das Wohlbefinden der Hühner aus.

Saaten und Samen

In Samen sind große Mengen an Öl enthalten. Bekommen die Hühner zu viele Samen und Saaten, können sie rasch an Gewicht zunehmen und verfetten. Das Öl wirkt sich positiv auf die Ausbildung der Federn und den Glanz des Federkleides aus.

Mehlwürmer

Die Würmer enthalten in frischer und in getrockneter Form hohe Mengen an tierischem Eiweiß und Fetten. Hühner lieben tierisches Eiweiß. Man merkt eben immer noch, dass die Vögel von den Raubsauriern abstammen. Mit Mehlwürmern können Hühner gezähmt werden. Küken werden von Streitigkeiten abgelenkt, die Jagd nach Insekten wird trainiert. Halten sich die Hühner im Sommer viele Stunden im Auslauf auf, sollten nur kleine Mengen an Mehlwürmern gefüttert werden. Die Tiere finden ausreichend Insekten und Würmer in ihrer natürlichen Umgebung.

Nüsse

Hühner bevorzugen Haselnüsse und Walnüsse. Dabei sollte die Schale nur leicht angeknackt werden. Die Hühner müssen sich bemühen, an das leckere Innere heranzukommen. Dadurch werden die Vögel beschäftigt. Es kann keine Langeweile aufkommen.

Weizenkleie

Die Weizenkleie liefert Ballaststoffe und regt die Verdauungstätigkeit an. Sie enthält große Mengen an Vitaminen des B-Komplexes. Weizenkleie kann dazu eingesetzt werden, Futter, das einen zu hohen Energiegehalt oder Fettgehalt besitzt, zu strecken.

Kräuter

Kräuter enthalten ätherische Öle, die sich positiv auf die Gesundheit der Vögel auswirken. Pflanzen Sie Oregano, Thymian, Salbei, Rosmarin, Basilikum und Bohnenkraut im Garten an. Die Hühner werden sich während ihres Freilaufs immer wieder daran bedienen. Im Winter können Sie die Kräuter in getrockneter und gemahlener Form unter das Futter mischen. Einige ätherische Öle verhindern einen Befall des Darms mit Darmparasiten. Brennnesseln sind besonders nützliche Wildkräuter. Sie enthalten viel Eiweiß und Mineralstoffe.

Im Winter können Sie die Eiweißversorgung Ihrer Hühner auch durch keimende Sprossen sicherstellen. Lassen Sie Getreidekörner, Kräutersamen und Hülsenfrüchte einige Tage in Wasser keimen und mischen Sie die grünen Keimlinge anschließend mit Quark.

Vitaminzusätze

Bei einem stark erhöhten Nährstoffbedarf, zum Beispiel während der Mauser, der Eiablage oder Kükenaufzucht benötigen die Tiere zusätzliche Vitaminmischungen. Auch während der Brutzeit kann es zu einer Unterversorgung der Henne kommen, da sie sich auf den Schlupf und die Aufzucht der Küken konzentriert. In dieser Zeit sollten Sie besonders hochwertiges Futter füttern.

9.2.7 Ernährung von Hühnern aus Küche und Garten

Hühnerfutter kann zum Teil auch aus Küchenabfällen bestehen. Apfelschalen, Gemüseschalen, Nudeln, Reis und Kartoffeln bieten den Hühnern eine willkommene Abwechslung. Auch der Inhalt von bereits verwendeten Teebeuteln ist bei den Vögeln sehr beliebt. Achten Sie immer darauf, dass die Küchenabfälle keine verdorbenen Pflanzenteile enthalten.

Fallobst und Grasschnitt wird ebenfalls gerne gefressen. Das Fallobst sollte noch nicht gären. Auch Vögel können von dem bei der Gärung entstehenden Alkohol betrunken werden.

Kompostwürmer sind besonders gute Eiweißlieferanten. Sie finden Sie in dem Komposthaufen, wenn sich die Abfälle bereits über mehrere Wochen zersetzt haben. Sie müssen nur den Komposthaufen anstechen, damit die Hühner an die Leckerbissen herankommen können. Den Rest erledigen die Vögel selbst.

Blätter und Zweige von Obstbäumen oder Haselnusssträuchern bieten ebenfalls eine willkommene Abwechslung. Die Rinde der Zweige enthält Gerbstoffe, die die Verdauung regulieren.

9.2.8 Hühnerfutter selbst anbauen

Wenn Sie über genügend Platz verfügen, können Sie Ihr Hühnerfutter auch selbst anbauen. Gut dafür geeignet sind Mais, Weizen und Hafer. Sonnenblumen ergänzen mit ihren Kernen das Getreide und liefern die notwendigen Fette für das Futter.

9.3 Brauchen Hühner feste Futterzeiten?

Hühner haben ein genaues Zeitgefühl. Bieten Sie den Vögeln den ganzen Tag sauberes Wasser und Körner, die sie für die Grundversorgung benötigen, an. Zusätzlich sollten die Hühner immer zur gleichen Zeit Leckerchen und Zusatzfutter erhalten. Hühner merken sich diese besonderen Höhepunkte des Tages und reagieren dadurch nicht mehr gestresst, wenn Sie in den Stall kommen. Füttern Sie die Leckerchen, wenn möglich, immer schon am Vormittag. Erfolgt die Fütterung zu spät, ziehen sich die Hühner in den Stall zurück. Ein großer Teil des Futters bleibt ungenutzt liegen und lockt Ratten und Mäuse an.

9.4 Die Vorlieben der Hühner

Obwohl Hühner nur eine geringe Anzahl von Geschmacksknospen besitzen und der Geschmackssinn nicht stark ausgeprägt ist, können sie die Hauptgeschmacksrichtungen süß, sauer, salzig und bitter unterscheiden. Selbstverständlich entwickeln die intelligenten Tiere auch Vorlieben für bestimmte Futterarten. Die meisten Hühner bevorzugen süßliche Obstsorten und frische Beeren. Sie lieben aber auch leicht bittere Kräuter, wie Löwenzahn oder Klee.

9.5 Warum bevorzugen die Hühner ein bestimmtes Futter?

Hühner orientieren sich meistens nicht nach dem Geschmackssinn, sondern an der Beschaffenheit des Futters. Die Form und Größe von Futter müssen das Huhn neugierig machen. Es sollte einfach aufgenommen werden können. Als leicht pickbar gelten zwei Millimeter große Teilchen mit abgeflachten Kanten.

Im Schnabel, Rachen sowie Zunge befinden sind Mechanorezeptoren. Kleine Tastkörperchen unterstützen sie bei einer Futtersuche. Essbare oder ungenießbare Dinge können so unterschieden werden. Man könnte hier über ein Schnabelgefühl beim Essen sprechen. Tastrezeptoren reagieren sehr empfindlich.

Ausgewogenes Grünfutter frisst Ihr Geflügel besonders gern, vor allem flache, dickfleischige Blätter: Löwenzahn, Klee und Gras gehören zu wichtigen Futterbestandteilen. Ähnliches gilt für klebrige Reisreste. Körner nehmen Hühnervögel gerne auf.

9.6 Warum ist hochwertiges Hühnerfutter wichtig?

Nur gesunde Hennen legen in guter, optimaler Haltung auch geschmackvolle Eier. Privat gehaltene Hühnervölker bzw. Bio-Hühner haben jedenfalls Möglichkeiten, ihren natürlichen Bedürfnissen nachzugehen.

10. Eier: Bewusster, gesunder Genuss

Wir verzehren Hühnereier häufig gekocht, gebraten, roh, gebacken. Bedingt durch fettreiche Zubereitung verursachen Geflügelprodukte manchmal negative Auswirkungen auf Ihre Gesundheit. Heute empfiehlt die Deutsche Gesellschaft Ernährung Bonn den Genuss von zwei, drei Eiern pro Woche. Sportler benötigen mehr Eiweiß. Tägliche Geflügeleier decken Ihren Aminosäurebedarf. Eier, bunt bemalt, erfreuen in der Osterzeit Kinder und Erwachsene auf Osterbäumen und in Osterkörben.

Wichtig ist es, hochwertige Eier bewusst zu genießen. Achten Sie beim Kauf von Eiern auf die Herkunft. Am besten essen Sie frisch gelegte Eier der eigenen Hühnerfamilie.

10.1 Eier enthalten viel Cholesterin

Es stimmt, Eier enthalten große Mengen an Cholesterin. Sie sind aber auch Lieferanten von hochwertigem Eiweiß und zahlreichen Vitaminen. Das enthaltene Lecithin hilft, Stress abzubauen und stärkt die Funktion der Nerven. Vitamin A unterstützt die Erneuerung der Hautzellen und stärkt das Sehvermögen.

10.2 Eier sollten sehr bewusst gegessen werden

Bis zu drei Eier in der Woche sind gesund. Um den Anstieg des Cholesterinspiegels zu vermeiden, sollten die Eier nicht in Fett gebraten, sondern gekocht werden. Sportler können sogar zwei Eier am Tag essen, ohne negative Auswirkungen befürchten zu müssen. Auch für Senioren sind Eier sehr gesund. Gekochte Eier sind weich und können einfach gegessen werden. Sie decken den erhöhten Eiweißbedarf im Alter ab.

10.3 Wann beginnt ein Huhn, Eier zu legen?

In welchem Lebensalter das erste Ei gelegt wird, hängt von der Hühnerrasse ab. Hühnerrassen, die frühreif sind, legen schon ab der 20. Lebenswoche Eier. Zu diesen Rassen zählen die Araukaner und Bresse-Hühner. Auch Hybridhühner beginnen schon früh mit der Eiablage. Spätreife Rassen, wie zum Beispiel Brahma-Hühner, starten ihre Legetätigkeit erst im sechsten Lebensmonat. Hybridhühner beginnen ebenfalls, früh zu legen.

Die Eiablage wird auch durch äußere Faktoren beeinflusst. Lichtmangel führt zu einer geringeren Legeleistung. Auch Stress wirkt sich negativ auf die Eiablage aus. Werden die Hühner bei einem Umzug an einen neuen Ort übergesiedelt, wird oft die Eiablage für einige Tage eingestellt.

10.4 Wann werden Eier von der Henne bebrütet?

Die Henne legt immer genau die Anzahl der Eier in das Nest, die sie auch bebrüten kann. Innerhalb von 15 Tagen legt die Henne immer wieder ein Ei in das Nest. Die weitere Entwicklung des Fötus im Ei beginnt erst, wenn die Henne ihre Bruttätigkeit aufnimmt. Sobald sie im Brutfieber ist, verlässt die Henne das Nest nicht mehr. Auch Eier, die vor 15 Tagen gelegt wurden, können noch erfolgreich ausgebrütet werden. Zu diesem Zeitpunkt muss die Henne mit besonders hochwertigem Futter versorgt werden, da sie sich voll und ganz dem Ausbrüten der Küken widmet. Sind die Eier bereits etwas älter als 15 Tage, können sie durch Einlegen in Wasser aufgefrischt werden. Das Wasser sollte eine Temperatur von 36 °C bis 38 °C aufweisen. Werden die Eier drei Stunden lang in das warme Wasser eingelegt, können sie die bereits verdunstete Flüssigkeit wieder aufnehmen. Bei der natürlichen Brut ist dann die Schlupfzahl höher. Die Henne bebrütet die Eier ungefähr 21 Tage lang. Gegen Ende der Brutzeit beginnen die Küken miteinander zu kommunizieren. Sie schlüpfen fast zur gleichen Zeit und können so alle von der Henne versorgt werden.

10.5 Warum legen Hühner keine Eier?

Sie haben im Legenest kein frisches Ei vorgefunden? Das bereitet Ihnen natürlich Sorgen. Ist das Huhn krank oder gibt es vielleicht auch noch andere Ursachen?

10.5.1 Das Huhn ist in der Mauser

Die Mauser ist ein natürlicher Vorgang gegen Ende des Herbstes. Durch die Umstellung des Hormonstoffwechsels verliert das Huhn seine alten Federn. Ein neues Federkleid wächst. Da dieser Vorgang viel Energie verbraucht, bleibt kaum mehr Energie übrig, um ein Ei zu produzieren. Während der Mauser benötigen die Hühner spezielles Futter mit einem erhöhten Gehalt an Mineralstoffen, Spurenelementen und Vitaminen. Wenn Sie das Hühnerfutter selbst mischen, können Sie Bierhefe unter das Futter mischen. Eiweißreiches Legemehl liefert den Hühnern zusätzliche Kraft und Energie.

10.5.2 Der Eiweißgehalt des Futters ist zu niedrig

Damit sie gesund bleiben, benötigen Hühner ein ausgewogenes Futter, das sie mit allen notwendigen Nährstoffen versorgt. Hühner, die im Sommer den Freilauf in einem Außengehege genießen, picken viele Kräuter, Samen und Gräser. Auch Fallobst wird vermehrt gefressen. Dadurch wird eine geringere Menge des angebotenen Hühnerfutters angenommen. Finden die Tiere während des Tages nicht genügend Würmer oder Insekten, kann schnell ein Mangel an Eiweiß entstehen. Um dem Eiweißmangel vorzubeugen, sollten Sie im Sommer 60 Prozent des normalen Hühnerfutters durch ein eiweißreiches Legemehl ersetzen.

10.5.3 Milben

Vor allem im Sommer können sich die Milben im Hühnerstall stark vermehren. die Milben saugen vor allem in der Nacht das Blut der Hühner. Die Tiere sind nicht mehr kräftig genug, um Eier zu legen. Desinfizieren sie daher immer den Stall in regelmäßigen Abständen und behandeln Sie die Wände, Sitzstangen und Nester mit einem Milbenmittel.

10.5.4 Lichtmangel

Damit regelmäßig Eier gelegt werden, benötigen die Hühner innerhalb von 24 Stunden mindestens 14 Stunden Licht. Steht im Winter keine zusätzliche Lichtquelle zur Verfügung, lässt die Legeleistung nach. Das Licht im Stall darf aber nicht 24 Stunden lang eingeschaltet bleiben. Zu lange Lichtzeiten stressen die Hühner und verhindern eine Erholung während des Schlafens. Die Tiere beginnen, sich gegenseitig zu picken. Bauen Sie einen Lichtdimmer mit einer Zeitschaltuhr in die Beleuchtung des Hühnerstalle ein, damit das Licht langsam schwächer wird.

10.5.5 Die Temperatur stimmt nicht

Temperaturen unter 10° Celsius oder über 30° Celsius können die Legeleistung negativ beeinflussen. Um ein passendes Stallklima zu erhalten, müssen die Fenster, die Belüftung und die Wärmequellen für den Winter sorgfältig bereits bei der Planung des Hühnerstalls berücksichtigt werden.

10.5.6 Die Hühnerrasse

Einige Hühnerrassen legen mehr Eier als andere. Den höchsten Ertrag können Sie mit Legehybriden erzielen. Das gilt aber nur für das erste Jahr. Schon im zweiten Jahr ist die Eiproduktion stark verringert. Im dritten Lebensjahr wird sie meistens vollständig eingestellt. Rassehühner legen über vier Jahre konstant Eier. Danach verringert sich auch bei diesen Tieren die Legeleistung. Damit Sie das ganze Jahr über immer wieder ein frisches Ei zum Frühstück erhalten, können Sie das Hühnervolk immer wieder durch Zukäufe auffrischen.

10.5.7 Das Alter des Huhns

Die meisten Hühnerrassen sind ab dem sechsten Lebensmonat bereit, Eier zu legen. Mit zunehmendem Alter verringert sich die Legeleistung. Da die meisten Hühner ein Alter von bis zu acht Jahren erreichen können, sollten Sie den Bestand immer wieder mit Junghühnern ergänzen.

10.6 Wann sollten keine Eier gegessen werden?

Personen, die bereits unter einem hohen Cholesterinspiegel leiden, sollten keine Eier essen. Durch den Genuss von Eiern könnten in diesem Fall Ablagerungen in den Blutgefäßen gefördert werden.

Der Verzehr der Eier ist auch untersagt, wenn die Hühner mit Antibiotika oder anderen Medikamenten behandelt werden. Rückstände der Medikamente lagern sich auch in den Eiern ab und können bei Menschen unerwünschte Wirkungen hervorrufen. Der behandelnde Tierarzt informiert Sie in diesem Fall über die gesetzlich vorgeschriebene Wartefrist. Ist diese abgelaufen, dürfen Sie die Eier wieder unbedenklich essen.

11. Hühner züchten: Küken großziehen

Der Bestand an Hühnern muss regelmäßig erweitert werden, damit das Hühnervolk nicht überaltert. Dies kann auf zwei Wegen erfolgen: die natürliche Nachzucht oder den Ankauf von Bruteiern oder Küken.

11.1 Künstliche Aufzucht

Besitzen Sie einen Brutapparat, können Sie Bruteier kaufen und diese im Brutapparat ausbrüten. Die Küken bleiben bis zum zweiten Tag im Brutapparat und ernähren sich in dieser Zeit von den Resten des Dottersackes. Danach werden die jungen Hühner in eine eigene Aufzuchtstation gesetzt. Eine Wärmelampe sorgt für die notwendige Wärme. Teilweise werden für die Erwärmung der Aufzuchtstation Rotlichtlampen eingesetzt. Hier ist bei Hühnerrassen mit roten Augen Vorsicht geboten. Die Hühner können unter dem roten Licht nichts sehen und sind faktisch blind. Eine Futteraufnahme ist nicht möglich. Besser geeignet sind Wärmeplatten und Glühbirnen. Sobald die

Federn zu wachsen beginnen, können Sie die Temperatur in der Aufzuchtstation langsam verringern. Eine Mindesttemperatur von 18 Grad Celsius muss aufrechterhalten werden, da die Küken in den ersten Tagen ihren Wärmehaushalt noch nicht selbst regulieren können. Die Futteraufnahme kann durch die Vermischung des Kükenstarters mit Mohnkörnern angeregt werden. Die dunklen Körner animieren die Küken dazu, das Futter zu picken. In einem Alter von sechs bis acht Wochen können die Küken in ein gesondertes Abteil im Stall gesetzt werden. Sie machen jetzt Bekanntschaft mit den erwachsenen Hühnern und gewöhnen sich auch langsam an das Freigehege.

11.2 Natürliche Aufzucht

Bei der natürlichen Aufzucht müssen Sie kaum eingreifen. Ihre Haupttätigkeit ist auf die Beobachtung der Entwicklung der Küken beschränkt. Die Glucke spendet den Küken Wärme und lehrt sie, Futter aufzunehmen. Sie warnt die Kleinen auch vor eventuell drohenden Gefahren. Nach einigen Wochen werden die Küken immer selbstständiger und beginnen, die Umgebung auch ohne die Henne zu erkunden. Ab der achten Lebenswoche der Küken ist ihre Erziehung abgeschlossen. Die Henne kann sich nun wieder anderen Aufgaben widmen. Als Halter müssen Sie bei der natürlichen Aufzucht nur für gute Bedingungen für die Henne und die Küken sorgen. Der Stall sollte trocken und gut eingestreut sein. Eventuell benötigen Sie eine Wärmequelle in Form einer Wärmelampe. Hochwertiges Futter und mehrmals täglich frisches Wasser helfen der Henne, die Küken gut auf das künftige Leben in der Hühnerherde vorzubereiten.

11.3 Zukauf von Junghühnern

Sie können Küken oder Junghennen kaufen, um Ihren Bestand aufzufrischen. Küken sind in den Anschaffungskosten immer günstiger als ältere Tiere. Ab der achten Lebenswoche können Jungtiere problemlos gekauft werden. Sie sind stabil und besitzen bereits ein gut funktionierendes Immunsystem. Jetzt ist es auch schon einfach, männliche und weibliche Tiere zu unterscheiden. Der Kauf von mehreren Hähnen wird so sicher vermieden. Wenn Sie den Verkäufer der Junghennen nicht kennen, sollten Sie immer einen erfahrenen Züchter zu dem Kauf mitnehmen. Er kann am besten beurteilen, welche Legeleistung eine Junghenne in der Zukunft erbringen wird.

Sie haben auch die Möglichkeit, ältere Hennen oder Glucken zu kaufen. Glucken werden für ungefähr zehn Euro pro Tier verkauft. Damit der Bruttrieb nicht durch den Stress des Versandes beeinträchtigt wird, müssen sie in speziellen Versandkartons verschickt werden.

Besteht ihr Hühnervolk jetzt aus Junghühnern, älteren Tieren und Glücken, können Sie den Glucken auch gekaufte Bruteier unterlegen. Bei 15 Eiern können Sie mit sechs bis acht geschlüpften Küken rechnen.

Wenn Sie ältere Hennen kaufen, sollten Sie beachten, dass diese nur mehr als Bruthühner eingesetzt werden können. Für eine Auffrischung der eigenen Linienzucht sind ältere Tiere nicht mehr geeignet.

11.4 Eingliederung von ausgestallten Legehennen aus Massentierhaltung

Dieser Punkt kann sich für Anfänger in der Hühnerhaltung sehr schwierig gestalten. Die Hühner, die ihr Leben in engen Ställen verbracht haben, müssen erst wieder Vertrauen zu Menschen und anderen Hühnern fassen. Ihr Federkleid ist meistens nicht mehr vorhanden und kann sich erst nach der nächsten Mauser wieder voll ausbilden. Viele der Tiere zeigen massive Verhaltensstörungen. Sie müssen erst lernen, mit ihrer Freiheit und der Möglichkeit, sich zu bewegen, zurechtzukommen. Gras und Erde sind diesen Hühnern vollständig unbekannt. Auch das natürliche Licht der Sonne macht den Tieren Angst. Hier ist jetzt Ihre Geduld gefragt. Die Hühner benötigen viel Zeit, um von den bereits vorhandenen Tieren zu lernen. Mit der Zeit werden die Mutigeren erste Schritte in die Freiheit wagen. Es gibt aber keine Garantie, dass sich diese stark traumatisierten Tiere in die Hühnerfamilie einfügen.

12. Hühnerhaltung: Rechtliche Besonderheiten und artgerechte Haltung

Für die Haltung von Hühnern im eigenen Garten müssen in Deutschland mehrere gesetzliche Bestimmungen beachtet werden:

- Tierschutzrecht
- Baurecht
- Nachbarrecht
- Seuchenrecht
- Bundeskleingartengesetz
- Mietrecht
- Arzneimittelrecht

12.1 Das Huhn im Tierschutzrecht

Das Tierschutzrecht gilt vor allem für die gewerbliche Haltung von Hühnern. Private Halter sollten sich daher nicht nach den Mindestforderungen richten, sondern den Hühnern bessere Lebensbedingungen bieten.

12.2 Das Huhn im Baurecht

Auch in einem Wohngebiet dürfen vier Hennen und ein Hahn jederzeit gehalten werden. Sie müssen aber unbedingt dafür sorgen, dass die Nachbarn nicht durch Geräusche oder Gerüche belästigt werden. Mobile, kleine Hühnerstelle müssen nicht von der Baubehörde genehmigt werden. Bei dem Bau eines festen Hühnerstalls muss das örtliche Baurecht beachtet werden. Erkundigen Sie sich bei der Gemeinde über die derzeit gültigen Bestimmungen. Zu diesen Bestimmungen zählen der Abstand des Hühnerstalls vom Nachbargrundstück, die maximale Größe und Höhe des Stalls und verschiedene Grenzwerte. Bevor Sie sich für eine Hühnerhaltung im eigenen Garten entscheiden, sollten Sie immer zuerst einen Blick auf den Flächenwidmungsplan werfen.

12.3 Das Huhn im Nachbarrecht

Nachbarschaftsstreitigkeiten können schnell entstehen und sind dann nur mehr schwer beizulegen. Wenn Sie eine Hühnerhaltung in Ihrem Garten planen, sollten Sie die Nachbarn unbedingt in die Planung miteinbeziehen. Bei Streitigkeiten vor Gericht wird immer das private Nachbarrecht berücksichtigt. Besondere Probleme bereiten Hähne. Es gibt Gerichtsurteile, die festlegen, dass die Hähne nicht zwischen 19 Uhr abends und acht Uhr morgens krähen dürfen.

Einige Gerichte haben sogar Mittagspausen für das Krähen in ihren Urteilen festgehalten.

Um diese Probleme zu vermeiden, können Sie die Türe des Hühnerstalls mit einem automatischen Lichtöffner ausstatten. Die Zeitschaltuhr wird über einen Lichtsensor gesteuert. Die Hähne können erst in das Freie gelangen, wenn es draußen bereits hell ist.

12.4 Das Huhn im Seuchenrecht

In Deutschland muss jede Haltung von Hühnern dem zuständigen Amtstierarzt gemeldet werden. Bei der Meldung sind die Anzahl und Art der gehaltenen Tiere, der Name und die Adresse des Hühnerhalters und der Standort sowie die Nutzungsart der Hühnerhaltung anzugeben. Zusätzlich ist eine Meldung an die Tierseuchenkasse erforderlich. Im Seuchenrecht werden auch die Impfungen gegen die Newcastle Disease verpflichtend vorgeschrieben. Treten Todesfälle auf, müssen diese dem Amtstierarzt gemeldet werden. Ebenso sind Sie verpflichtet, bei einer Veränderung der Legeleistung oder des Fressverhaltens Ihre Hühner von einem Tierarzt untersuchen zu lassen.

12.5 Das Huhn und das Bundeskleingartengesetz

Kleingartenvereine erlassen eigene Satzungen, die die Tierhaltung in einem Kleingarten regeln. Sprechen

Sie vor der Anschaffung der Hühner mit dem Vereinsvorstand, ob in Ihrer Kleingartensiedlung die Haltung von Hühnern erlaubt ist. Die Hühnerhaltung ist verboten? Vielleicht können Sie mit anderen Gartenbesitzern eine Änderung der Satzungen des Vereins durchsetzen.

12.6 Das Huhn und das Mietrecht

Hühner dürfen nicht in einer Wohnung gehalten werden, da die Haltungsbedingung nicht dem Tierschutzgesetz entsprechen. In einer Wohnung stehen den Hühnern keine Scharrzonen und kein Auslauf zur Verfügung. Durch Hühner können auch Krankheiten übertragen werden. Die Nachbarn wären in diesem Fall gefährdet.

Anders sieht es bei Wohnungen mit einem angeschlossenen Garten aus. Hier sind die Bestimmungen Ihres Mietvertrags ausschlaggebend. Sprechen Sie mit Ihrem Vermieter, ob eine Hühnerhaltung im Garten erlaubt ist. Lassen Sie sich die Erlaubnis immer schriftlich bestätigen.

12.7 Das Huhn und das Arzneimittelrecht

Hühner benötigen im Bedarfsfall Medikamente. Sie müssen Aufzeichnungen über den Erwerb, die Lagerung und die Anwendung der Medikamente führen und diese auf Verlangen dem zuständigen Amtstierarzt vorlegen. Lassen Sie sich von Ihrem Tierarzt beraten, wie Sie am besten ein Bestandsbuch führen können. Optimieren Sie die Haltungsbedingungen der Hühner, so dass Sie keine apothekenpflichtigen Medikamente einsetzen müssen.

13. Hühnerhaltung und die Nachbarn

Manchmal kommt es – trotz aller Vorsichtsmaßnahmen – zu Beschwerden der Nachbarn gegen die Hühnerhaltung. Die Beschwerden können sich gegen zu laute Geräusche oder eine Geruchsbelästigung durch das Hühnervolk richten. Suchen Sie immer das Gespräch und versuchen Sie, teure Gerichtsverfahren zu vermeiden.

Mit den folgenden Tricks können Sie die Nachbarn versöhnlich stimmen:

1. Halten Sie flugunfähige oder nur schlecht fliegende Hühnerrassen. Hier ist die Gefahr, dass die Hühner das Gartengrundstück der Nachbarn aufsuchen, kaum vorhanden.
2. Überprüfen Sie regelmäßig den Zaun, der Ihr Grundstück von dem Nachbargrundstück trennt. Bei einem intakten Zaun können die Hühner nicht auf das Nachbargrundstück entkommen.
3. Spannen Sie im Winter ein Netz über das Außengehege. Sie vermeiden, dass fremde, wildlebende Vögel das Außengehege als Futterquelle betrachten

und es täglich aufsuchen. Durch diese Maßnahme schützen Sie Ihre Hühner vor einer Ansteckung mit HN1 oder HN7. Auch andere Infektionen, Salmonellosen, Pilzerkrankungen o.ä. können einfach durch fremde Vögel übertragen werden. Das Netz schützt Ihre Hühnerfamilie auch vor Greifvögeln, die immer auf der Suche nach leichter Beute sind.

4. Reinigen und desinfizieren Sie den Stall, die Futter- und die Wasserschüsseln regelmäßig. Entsorgen Sie das verunreinigt Streumittel immer sofort, damit es nicht zu einer massiven Geruchsbelästigung kommt. Entfernen Sie auch den Hühnerkot aus dem Auslauf.
5. Die Haltung von Hähnen verursacht die meisten Probleme mit den Nachbarn. Hier können Sie nur mit einem gut isolierten Stall Abhilfe schaffen. Kräht der Hahn auch während des Tages, kann ein Gericht die Hühnerhaltung in Ihrem Garten untersagen.
6. Beziehen Sie Ihre Nachbarn von Anfang an in Ihre Pläne ein. Erklären Sie die Vorzüge der Hühnerhaltung und versuchen Sie, eine positive Stimmung zu erzeugen.
7. Bieten Sie Ihren Nachbarn von Zeit zu Zeit frische Eier an. Sie werden die Hühner dann gleich mit ganz anderen Augen sehen.

8. Laden Sie die Nachbarn an einem Nachmittag zu sich in den Garten ein. Beobachten Sie gemeinsam bei einer Tasse Kaffee das lustige Hühnervolk.
9. Machen Sie Ihre Nachbarn bei dieser Gelegenheit mit den einzelnen Hühnern bekannt und stellen Sie ihre Eigenheiten vor.

14. Schlusswort

Jetzt sind Sie am Ende des Buches angelangt. Ich freue mich über Ihr Interesse an dem Thema. Als Einsteiger in die Hühnerhaltung haben Sie viel Neues über die Haltung von Hühnern und ihre Eigenschaften erfahren. Sie haben alle Grundlagen erhalten, die Sie für die Haltung der ersten Hühner in Ihrem Garten benötigen. Die Übersicht über die verschiedenen Hühnerrassen hilft Ihnen bei der Entscheidung, welche Hühner Ihren Stall bevölkern sollen. Sie wissen, worauf Sie achten müssen, damit Ihre Tiere nicht krank werden und können auch das Futter selbst mischen oder sogar anbauen. Mit den Tipps in diesem Buch sind Sie in der Lage, den Hühnern ein abwechslungsreiches und tiergerechtes Leben zu bieten. Auch als Profi in der Hühnerhaltung haben Sie sicher einige neue Informationen über die Hühnerhaltung an die Hand bekommen und können Ihre Haltung von Hühnern noch mehr verbessern.

Ich bedanke mich bei Ihnen, dass Sie dieses Buch gekauft und mit Interesse gelesen haben. Jetzt wünsche ich Ihnen noch viel Vergnügen bei dem Aufbau eines eigenen Hühnervolks. Die charmanten Tiere werden sicher Ihr Leben bereichern und Sie für viele Jahre mit frischen Eiern zum Frühstück versorgen.

Liebe Leserin, lieber Leser,

hat Ihnen dieses Buch gefallen? Wir freuen uns über Ihre Verbesserungsvorschläge, Kritik und Fragen zum Buch.

Die Meinung und Zufriedenheit unserer Leserinnen und Leser ist uns sehr wichtig.

Kontaktieren Sie uns deshalb gerne und schreiben uns eine E-Mail an feedback@eulogiaverlag.de

Wir freuen uns auf Ihre Nachricht.

Herzlichst

Ihr Eulogia Verlags Team